おもしろサイエンス

熱と温度の科学

石原顕光［著］

B&Tブックス
日刊工業新聞社

はじめに

「熱」と「温度」ほど、身近でありながら、適当に使われている物理量はないのではないでしょうか。実際に「温度」とは何かと問われても、きちんと答えられる人はほとんどいないでしょう。さらに「熱」と「エネルギー」の混同も行われていて、「熱エネルギー」のような物理化学的には正しくない用語も、ごく普通に用いられています。これらは、日常会話としては意味が通じれば、特に問題はありませんが、やはり正しい意味を知っておくことが望ましいと思います。また逆に、なぜ誤った用いられ方をしているのかが理解できれば、それは現象の本質を知ることにつながります。

もう1つ「熱」に注目したい理由があります。それは「熱」は驚くほど深く、自然現象の本質とかかわっているためです。熱は「普遍性」と「特殊性」の2面を併せ持っています。そして「熱の特殊性」は、自然現象の変化の方向性と表裏一体となっています。この自然現象の変化の方向性は、エントロピーという概念で統一的に理解することができます。ある意味で、エントロピーが熱の特殊性を表していると言ってよいでしょう。そうすると、エントロピーという概念を使わなくても、「熱の特殊性」のみに注目して、自然現象の変化の方向性が取り扱えるはずです。本書ではエントロピーという用語は使っていませんが、熱の特殊性を変化の方向性と結び付けた説明を行いました。特にあらわには観察しにくいのですが、「いつの間にか、ひそかに発生する熱」を導入して説明を加えました。これは従来の本にはない特徴だと思っています。

温度に関しては、熱の価値の指標であるという、本質的な理解をしていただけるように、仕事との交換効率やカルノーサイクルについても説明しました。温度とは何かを追求したトムソン（のちのケルビン卿）の気持ちを少しでも感じていただけたらと思います。

またちょうど、2019年5月20日の「世界計量記念日」から、新しい（熱力学）温度の定義が施行されます。温度の定義としては、およそ50年ぶりの変更です。定義が変更されたからといっても、私たちの生活にはほとんど影響がありません。それでも変更するには何らかの理由があるはずです。私たち人類は長い間、温度とは何かという問題を考え続けてきました。その1つの到達点が、ボルツマン定数を用いたミクロな視点からの新しい温度の定義です。本書ではあまりミクロな観点からアプローチしていないので、新しい定義に関する内容は、各章末のコラムで取り上げました。

本書では本質の理解だけでなく、温度計の種類や熱と温度の両方がかかわっている現象を取り上げ、それらを通して技術や現象の本質をとらえる見方を楽しく学んでいただくことを目的としました。本書を通して、「熱と温度」に興味を持っていただき、さらに専門書に進んで深く理解していただくことを願っています。

本書の刊行に際して、執筆の機会をいただいた日刊工業新聞社の奥村功出版局長、編集・構成上のアドバイスおよび「温度くん」と「熱ちゃん」のアイデアをいただいたエム編集事務所の飯嶋光雄氏、また本文デザインをご担当いただき、今回もまた筆者が遅筆のために多大なご助力をいただいた志岐デザイン事務所の奥田陽子氏に謝意を表します。

最後に、あれこれ25年以上にわたって物理化学勉強会で一緒に議論していただいている物理化学マニアの方々に深く感謝いたします。

2019年1月

横浜国立大学　石原顕光

おもしろサイエンス
熱と温度の科学

目次

第1章 大混乱！ 熱と温度とエネルギー

第2章 温度って何だろう? ～熱の特性

第3章 温度を測ってみよう

第4章 やはり熱が本質だった

第1章

大混乱！
熱と温度とエネルギー

1 「熱い」ってどういうこと？
―熱と温度とエネルギー―

「熱い」は「温度が高い」

私たちは普段から何気なく、「熱い」や「冷たい」という言葉を使っています。「熱い」という言葉はたとえば「お風呂が熱い」や「熱いお茶」という実際に感じることから、「熱い仲」とか「熱い声援」、「熱い思い」など比喩的に感覚的な意味にも用いています。

でも、「熱い」とはどういうことなのでしょうか。改めて考えてみると、実はあいまいに使っていることがわかります。私たちが「お風呂が熱い」という時、浴槽の「温度」を確認しませんか？ 42℃くらいだと「熱いな」と思って水を足してうめて「温度」を下げてから入りますね。最近流行りの温泉施設では、いくつかある温泉のお湯の温度を表示してあることが多いようです。そして入浴客は、その「温度」を見て「熱そうだな」とか「ちょうどよさそうだ」と判断してお湯につかります。このように、「熱い」と言っているのは、実は、対象としているモノの「温度が高い」ということにほかなりません。だから、正確には「お風呂が熱い」は、「お風呂の温度が高い」と言わないといけないのですね。

熱がある？

「熱い」は「熱（ねつ）」と密接にかかわっていますが、「熱」もまた不思議な言葉です。たとえば「風邪をひいて熱がある」と言いますが、「熱がある」とはどのような状態を言うのでしょうか。まず熱があるかどうか確かめるには体温つまり身体の温度を測ります。そして37℃以上くらいあると、熱があると言います。これも「体温が高い」ということにほかならず、

「熱い」は「温度が高い」

やはり「温度」で判断しているのです。したがって「風邪をひいて体温が高い」というのが、正確な言い方です。一方、風邪をひいている本人にとってみると、確かに熱っぽくて、頭がフラフラしますね。風邪のひき始めは悪寒もしますが、あとは文字通り熱くて、「熱がある」と言いたい気分になります。

そもそも風邪は、外部から体内に風邪のウイルスが侵入し、増殖することによって症状が現れます。もちろん私たちの身体はそのウイルスに対抗するための免疫機構を持っているのですが、体温を上げるのもその1つです。体温が上がると、体の免疫が活性化される一方、ウイルスの繁殖は抑制されるので、わざわざ、私たちの脳が、体温を高い温度になるように設定して

一口メモ

風邪をひくとウイルスの増殖を抑制し、身体の免疫を活性化させるために脳が体温を上げるように指令を出す。

体温は単位時間当たりの体内での発熱量と、外への放熱量のバランスで決まる。発熱量が増えるので「熱がある」ようになる。

いるのです。

私たちの体温は、単位時間あたりに体内で生みだされる熱の量と、単位時間あたりに外へ出ていく熱の量のバランスで決まります。体温を高く保つには、体内から外に出ていく熱の量を減らして、よりたくさん発熱しなければなりません。出ていく熱を減らすために手足の血管を収縮させたり、汗腺を閉じたりさせ、一方、筋肉を震えさせて発熱を促すのです。そのため、体温が高いということは、体内でいつもより多く発熱して、外に出ていく熱を少なくしている状態なのです。いつもより多く発熱しているところが、「熱がある」という感覚につながるのだと思います。

しかし、単位時間あたりの発熱量が大きくなって、単位時間あたりに外に出ていく熱の量を減らしたことによって、果たして私たちが体内に持っている熱が増えたのでしょうか。

熱って何?

私たちは、なんとなく、「熱がたくさんあると熱い」と思っていないでしょうか。「熱い」が「温度が高い」を意味することはいいとしても、「熱がたくさんある」というのはどういうことなのでしょうか。「熱」とはいったい何なのでしょうか。

答えを先に言ってしまうと、「熱」とは物質の持つエネルギーが変化(あるいは移動)する時の形態の1つと言えます。したがって、「熱がたくさんある」というのはおかしいのです。これだけ聞いてもよくわからないし、いろんな疑問がわいてくるでしょう。たとえば、

・物質の持つエネルギーって何?熱と違うの?
・熱エネルギーって言葉も聞いたことがあるけど、熱はエネルギーじゃないの?
・エネルギーが変化し、移動するってどんな時なの?
・エネルギーが変化(移動)する時の形態の1つって言うけど、ほかにも形態があるということ?あるならそれは何?

などなど…。

本書では、それらの疑問にていねいに答えていきたいと思います。そして、身近な熱や温度に関わる現象や技術を基本的な立場から理解できるようになりたいと思います。

「熱がある」は「体温が高い」

くすり

コーヒーブレイク

「ニホンミツバチ」は熱を武器に外敵と戦います。彼らは天敵である「オオスズメバチ」が巣に侵入すると、数百匹で取り囲んで発熱しオオスズメバチを“熱殺”します。これは「熱殺蜂球」と呼ばれ、その温度は46～48℃まで上がると言われています。

熱がたくさんあるって
いうのはおかしいんだ。
僕たちと一緒に
正しく理解していこう
温度くん
熱ちゃん

2 温度を測ってみよう

身近な温度計

　みなさんは温度計を一度は目にしたことがあると思います。体温計の方が身近ですが、最近の体温計は電子体温計で、デジタルで数値しか表示されないので、測定の原理はまったくわからなくなりました。

　一昔前は、よく水銀体温計が使われていました。これはガラス管の中に金属水銀を封入したもので、温度目盛りがふってあり、水銀の長さで体温を示すようになっています。使う前によく振って、水銀を温度の低い方に下げてから使います。脇の下に挟んでおくと、水銀が膨張して体温を示すようになるので、少しの間挟んでおいて、取り出して目盛りを読みます。うまく工夫がしてあって、脇の下から取り出し温度計が冷えても、水銀が下がらないようにしてあります。長い間使われてきましたが、水銀の環境汚染の問題があり、最近ではほとんど見られなくなりました。

　学校で理科の時間によく使うのは、ガラス管の中に赤い液体が入っているアルコール温度計です。アルコール温度計という名前が付いていますが、アルコールが使われていることは少なく、多くは石油系の液体が使われています。

　温度を測定したいモノに、アルコール温度計の先端の赤い液溜めの部分を接触させます。液体であればしっかりと浸し、柔らかい固体であれば、突きさして内部に入れるのが一番正確です。そして、温度表示部分を見ていると、対象物の温度に合わせて赤い液体の先端が移動します。そのままずっと放置しておくと、そのうち、それ以上変化しないで止まります。その止まった場所の目盛りを読みます。これがその測定したい

いろんな温度計

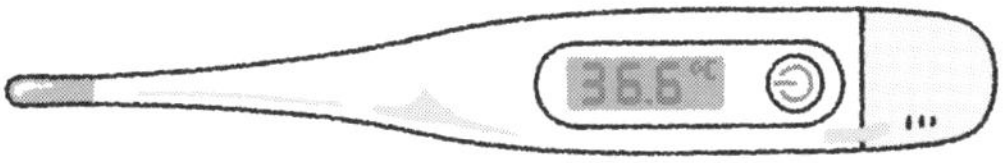

電子温度計

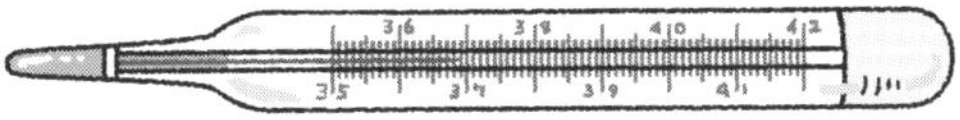

水銀温度計

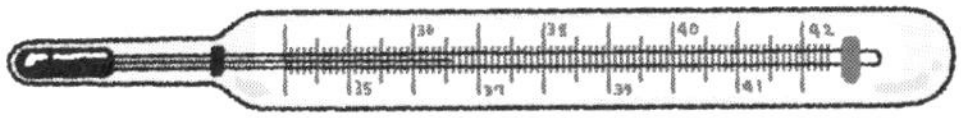

アルコール温度計

モノの温度になります。

部屋にあるいろんなモノの温度を測ってみよう

さて、アルコール温度計を持って、部屋の中のいろいろなモノの温度を測ってみましょう。まず、部屋に机があれば、机の上に温度計を置いてみましょう。ずっと置いておき、それから温度の表示をみれば、それがその机の温度になります。

次にその温度計の上の方（液溜めから遠く離れた部分）をもって、部屋の真ん中に立っていても温度計の表示は、机の上の時と変わらないと思います。それが部屋の温度で、机と同じということです。さて机があ

一口メモ

温度計がなければ同じ温度であることを示すのは難しい。アルコール温度計は、中の液体の体積変化を利用している。

温度は物体の形や色や大きさによらない、熱が関係した自然現象に潜む何らかの性質を表している。

れば、椅子もあると思いますが、椅子に温度計をくっ付けても、温度の指示は変わらないですね。壁にくっ付けても、床に付けてもみんな同じ温度を示します。そうなんです。部屋の中はすべて同じ温度になっています（もちろん、電気の点いているテレビや電球は温度が高いですが、それは電気が点いているからで、また別の話になります）。

どれも同じ温度ですがモノはすべて違います。樹木であったり、金属、布、空気といろいろあります。またモノの形や大きさにもよりません。温度計の示す温度とはいったい何を表しているのでしょう。

同じ温度のモノを触ってみよう

さて、温度計の表示は同じになるので、どれも同じ温度であることはわかったと思いますが、それらを指で触ってみるとどう感じるでしょうか。木製の机の場合、触ってもそんなに冷たく感じないと思います。ところが机の上に置いてある金属製のペンなどを持つと机よりもずっと冷たく感じませんか。机が金属製なら手を置いてみるとかなり冷たく感じるはずです。私たちにはとても同じ温度とは思えません。

椅子に座布団が置いてあってそれを触れば、逆に温かいと感じることもあるでしょう。木の床に直接座るとヒヤッとする時でも、座布団やマットを敷いてから座るとそんなに冷たく感じません。これらはすべて同じ温度であるにもかかわらず、私たちが触ると、温かかったり、冷たいと感じたりするのです。

どうやら私たちは、温度の高い、低いを感じることが苦手なようです。それでは私たちは、どのようにして熱い・温かい・冷たいと感じているのでしょうか。それを理解するためにはまず「熱」を知ることが必要です。私たちが感じる温かい・冷たいの答えは12節まで待っていてください。

コーヒーブレイク

科学の実験では温度を一定に保ちたいことがあります。室温以上、100℃以下なら水を設定温度に温めて循環させる「ウォーターバス」、200℃くらいまでなら水の代わりにオイルを用いる「オイルバス」を使います。

部屋の温度を測ってみよう

どれもみんな同じ温度を示す

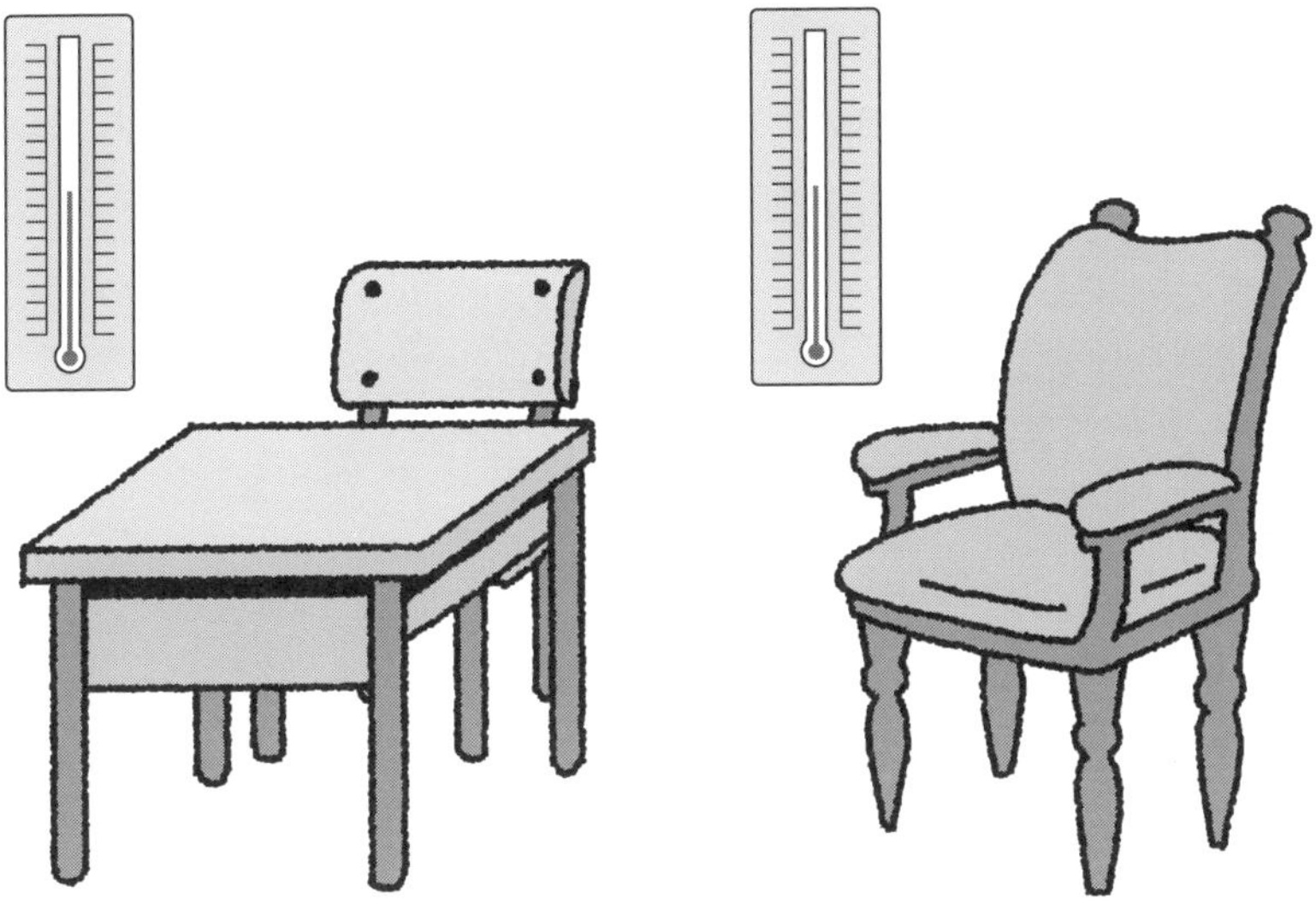

3 エネルギーとは何か?

まずはエネルギーから~運動エネルギー

熱を理解するためには、まずはエネルギーを理解することが必要です。ところが、この「エネルギー」というのも、「熱」と同じくらい漠然としてあやふやに使われています。しばしば熱とエネルギーが同じ意味で、混同して使われていることもあります。

エネルギーとは、「ある状態において、物質が持つ、他の物体を動かす能力のこと」を言います。みなさんがよく知っているのは運動エネルギーだと思います。物質がある速さで動いている時、それが他の物体に衝突して、他の物体が動くことはよくありますね。ビリヤードはまさにそれを使った競技です。ある速さで転がっている球が、止まっている球にぶつかって、止まっていた球が動き出すので、元の動いていた球はエネルギーを持っていたと言えます。動いて運動していたので、これを「運動エネルギー」と言います。つまり正確に言うと、ある速さで動いている物質は、運動エネルギーを持っていることになります。

重力のポテンシャルエネルギー

次に思いつくのは、重力のポテンシャルエネルギーでしょうか。これはジェットコースターを思い出しましょう。ジェットコースターは、最初、電気で、急な下りになっているレールの高いところまで、車体を引き上げていきます。そして、最高点に達したところで引き上げていたケーブルを切り離します。すると、車体は重力にしたがって斜面を加速しながら降りていきます。実際のジェットコースターではあってはなりませんが、その状態で、レールの上に物体が置いてあれ

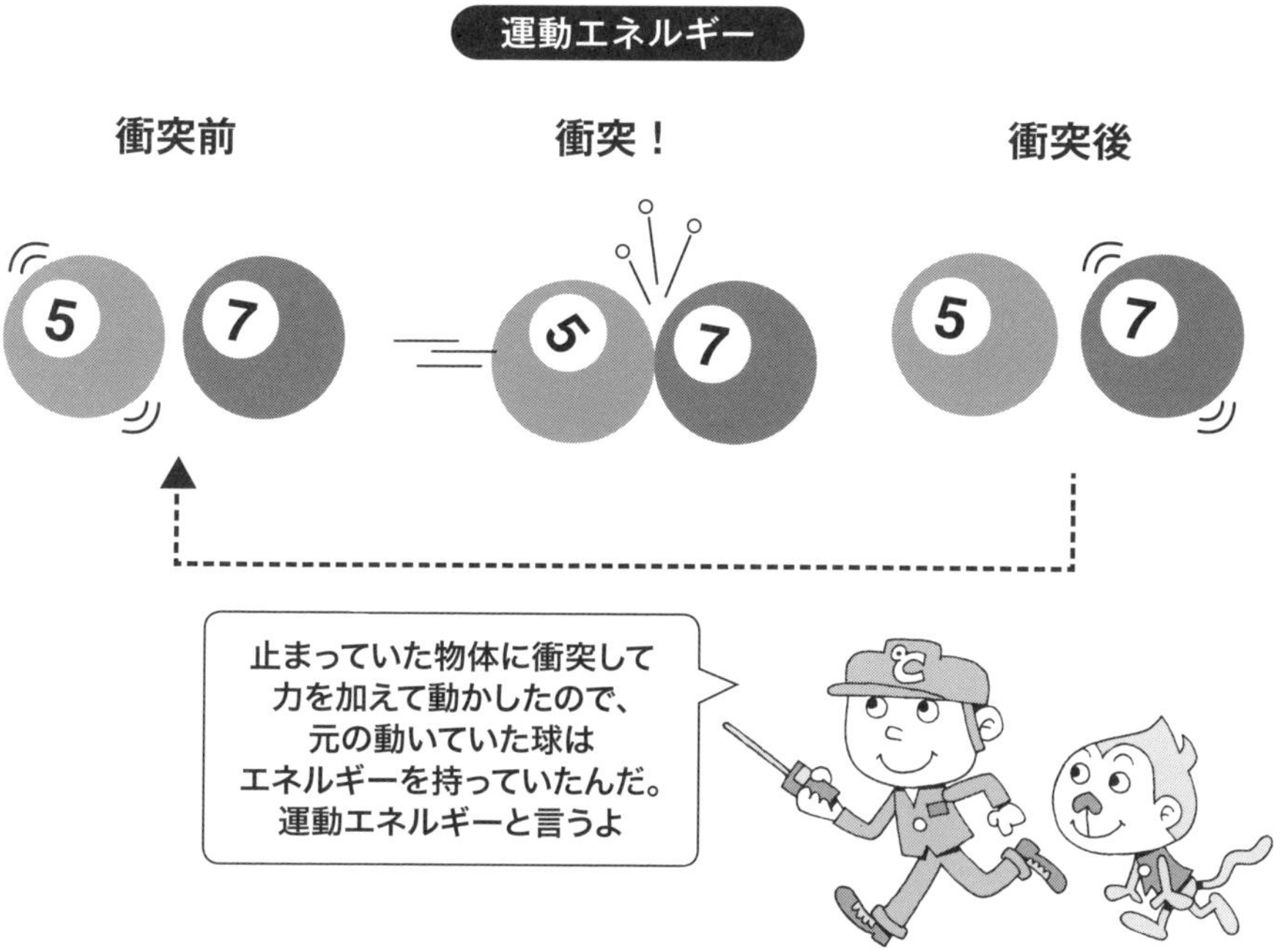

ば、その物体に衝突して、物体を動かすことができるので、高いところに引き上げられていた車体はエネルギーを持っていたことになります。これを「重力のポテンシャルエネルギー」と呼びます。

車体がある速さで動くということは、車体は運動エネルギーを持っていることになります。したがって、最高点に達した時に、車体が持っていたポテンシャルエネルギーが、レールを降りてくるにしたがって、運動エネルギーに変わったとみなします。つまり、ポテンシャルエネルギーから運動エネルギーへの変換が生じたと考えるのです。そして、またレールが上がると、運動エネルギーがポテンシャルエネルギーに変換されて速度が遅くなります。このように運動エネルギーと

一口メモ

エネルギーは「ある状態」において存在する。ただ物理と化学で「状態」が微妙に異なる。物理ではマクロな物体が運動している状態で考えるが、化学では原則的にマクロな運動は起こっていない状態を考える。

ポテンシャルエネルギーは、お互いに変換可能なのです。運動エネルギーと重力のポテンシャルエネルギーを合わせて「力学的エネルギー」と呼びます。摩擦がなければ力学的エネルギーは保存される、すなわち運動エネルギーと重力のポテンシャルエネルギーは永久にお互いに変換し続けることが知られています。

物質の持つエネルギー
～内部エネルギー

　ガソリンなどの燃料も、エンジンを使えば、車という物体を動かせるわけですから、これもエネルギーと言ってよさそうです。ガソリンなどの燃料は、主に炭素と水素からできていますが、空気中の酸素と反応して（これを一般に「燃焼」と言います）、二酸化炭素と水になります。その時に放出されるエネルギーを用いて、車を動かすのです。そのため二酸化炭素と水に対して、ガソリンと酸素はエネルギーの高い状態にあって、反応（燃焼）によってそのエネルギーが取り出されて車を動かしたことになります。このエネルギーは燃料という物質の内部に蓄えられているとみなして「内部エネルギー」と呼んでいます。物質の持つ内部エネルギーは車を動かせる、つまり運動エネルギーを生じるので、内部エネルギーは運動エネルギーに変換可能と言えます。

　燃料に限らず、すべての物質は内部エネルギーを持っています。そして、どのような物質であるかと、その物質が存在する状態（温度と圧力）が決まれば、一意的に定まる内部エネルギーを持つのです。化学反応が起これば内部エネルギーが変化しますし、反応が起こらなくても、温度が変われば、その物質の内部エネルギーも変化します。実は、この内部エネルギーが熱と混同されがちなのです。

コーヒーブレイク

　しばしば「化学エネルギー」と言う用語も用いられます。ただし化学エネルギーには決まった定義はなく、用いる人によって意味が異なる場合があるので注意が必要です。一方、内部エネルギーは厳密に定義されています。

重力のポテンシャルエネルギー

物質は内部エネルギーを持っている

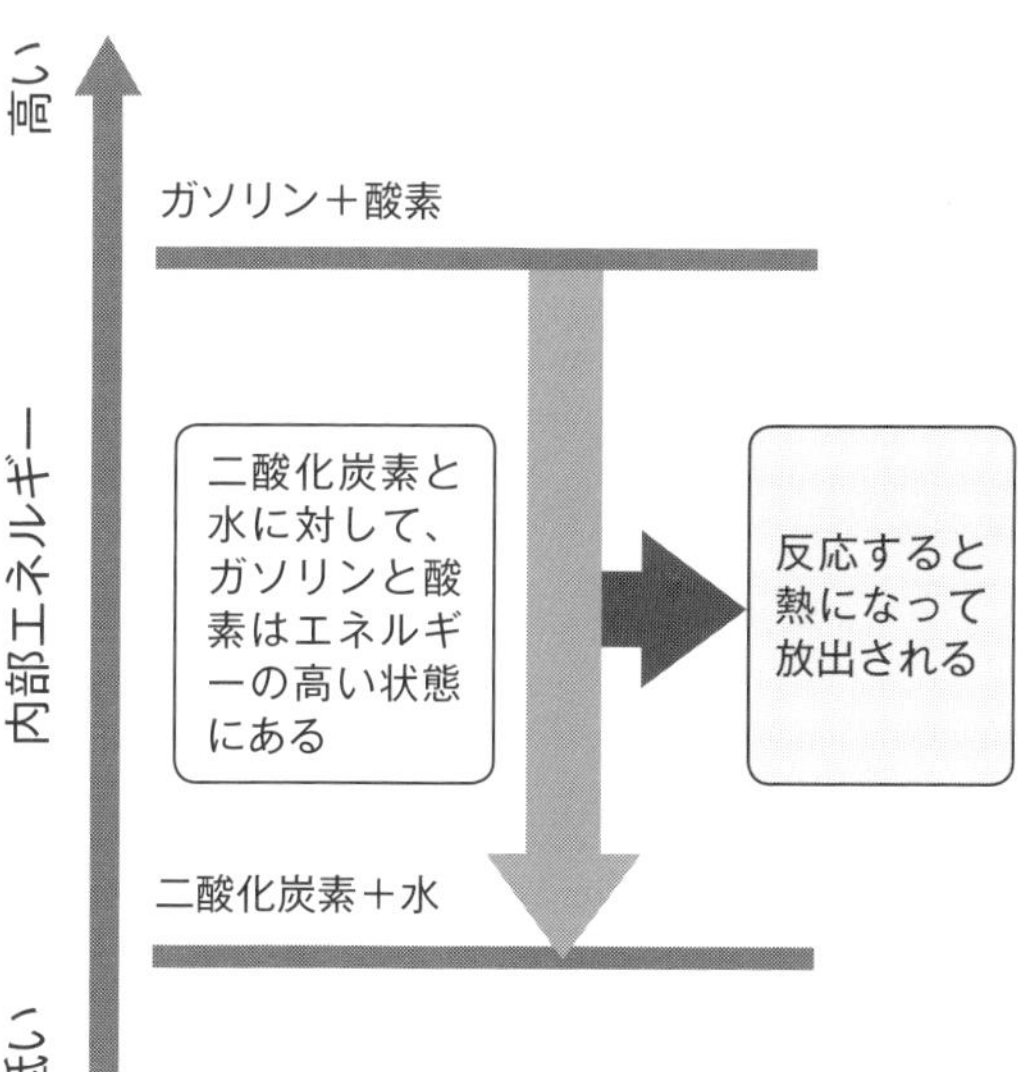

4 エネルギーは保存される

エネルギーの単位

エネルギーの単位はジュールで、記号はJを使います。コンビニのおにぎり（重さだいたい100グラム）を、高さ1メートルのところから落とした時の、地面に落ちる寸前の運動エネルギーがおよそ1ジュールです。逆に言うと、地面から1メートルの高さに持ち上げたおにぎりは、1ジュールの重力のポテンシャルエネルギーを持っていると言えます。

エネルギーは大切なのに、身の回りでジュールという単位はあまり聞きませんね。むしろ電化製品であれば、ワットの方が、馴染みがあると思います。記号ではWです。たとえば、電子レンジでは、500Wで何分、800Wなら何分といった設定ができるようになっています。またドライヤも1200Wとか書いてあると思います。このワットとジュールはきわめて密接な関係にあります。

1秒で1ジュールのエネルギーを放出する、あるいは発生させる時、それを1ワットとしています。たとえば、500Wの電子レンジを3分（180秒）使うと、90000ジュール（90キロジュール：キロは1000を意味します）のエネルギーを発生させたことになります。90キロジュールは、15℃の250mLの水を沸騰直前まで温めることができます。同じだけの90キロジュールのエネルギーを800Wで発生させると約1分50秒（110秒）ですみます。つまりワット数が大きいと、短時間でたくさんのエネルギーを発生させることができるのです。

コンビニエンスストアーの電子レンジは、ワット数が大きいので短時間で温めることができるのです。

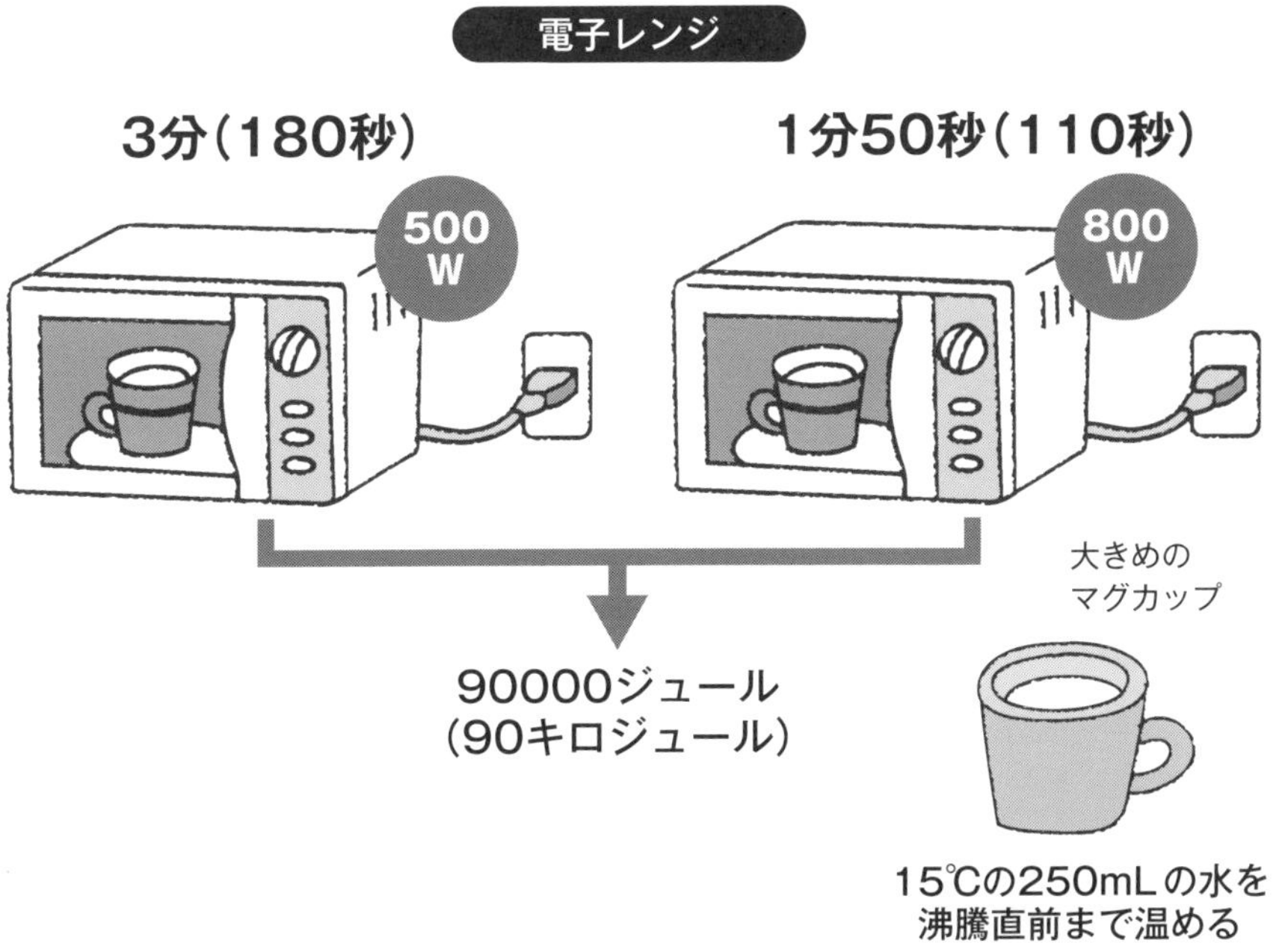

エネルギーは産み出せない

エネルギーには、全量で見ると、増えも減りもしないという重要な性質があります。これはとても重要な性質なのですが、その理由を知っている人はいません。理由もわからないのに、増えも減りもしないって、いったい何を根拠に言えるのかと思われるかもしれませんね。これまで私たち人類は、何もないところからエネルギーを産みだせる装置を作ろうと考えて、奮闘してきました。その装置を「第一種永久機関」と言います。膨大な数の人々が、第一種永久機関を作ろうとして、長い間、血の滲むような努力をしてきました。しかし残念ながら第一種永久機関はできませんでした。

一口メモ

人間も炭水化物を食べて空気中の酸素と反応させ、エネルギーを放出することによって生きている。成人男子は、1日あたり10000キロジュールくらいのエネルギーを使っている。1日は24時間なので、およそ100ワットで動いていることになる。

その第一種永久機関を誰も作れなかったというのが、エネルギーは増えも減りもしないという性質が正しいことの根拠なのです。つまり誰も証明したことはないのですが、誰一人として第一種永久機関を作ったことがないという人類の経験が、その性質を保証しているのです。これを「経験則」と言います。そして今では、エネルギーが増えも減りもしない性質を「エネルギー保存の法則」と呼んでいます。

エネルギーはどこへ行った？

でもちょっと待ってください。前項の重力のポテンシャルエネルギーで述べたように、ジェットコースターでは、重力のポテンシャルエネルギーは、車体の運動エネルギーに変わってスピードを出して楽しみます。そしてまた昇りのレールでは、その運動エネルギーが重力のポテンシャルエネルギーに変わって遅くなり、また下り坂で運動エネルギーに変わってスピードを出します。このように動いている間は、重力のポテンシャルエネルギーと運動エネルギーが互いに変換されて、保存されているように思えます。しかし、ずっと乗っているわけにもいかないので、最後は必ず止まりますね。止まったら、重力のポテンシャルエネルギーや運動エネルギーはどこへ行ったのでしょう。

またガソリン車を走らせるには必ずガソリンを入れなければなりません。ガソリンの持つ内部エネルギーを使って走る、つまり車体の運動エネルギーにするわけですが、車も家に戻ってくると駐車場に入れて止めておきます。止めるということは、運動エネルギーはなくなるわけで、そしてガソリンもなくなるので、給油しないといけないですね。さて、ガソリンの持っていた内部エネルギーはどこへ行ってしまったのでしょう。その答えは「熱」と「仕事」にあります

コーヒーブレイク

ワットもジュールも人名から来ています。ワットは蒸気機関を実際に改良した技術者で、熱から仕事を取り出すための工夫に大きな貢献をしました。

ジュールは熱と仕事は、内部エネルギーを変化させる原因として等価であることを示しました。

エネルギーは何もないところからは産み出せない

第一種永久機関は作れない！ という経験がその根拠

エネルギーはどこへ行ったの？

最後は必ず止まる → エネルギーはどこへ行ったの？

5 いろんな熱がある！

さて、いよいよ熱を考えてみましょう。そしてエネルギーとの関係を調べてみましょう。実は、熱を一般的に正確に定義するのは、とても難しいことなのです。なぜかというと、いろんな熱がある！からです。熱にいろんな種類があるなんて不思議ですよね。ここではどんな熱があるのか見ていきましょう。

よく知っている熱～顕熱

顕熱～これが一番わかりやすいでしょう。今冷たいビー玉を、たっぷりとした温かいお湯に浸しましょう。お湯に浸す前の冷たいビー玉の温度をθ玉、前℃として、温かいお湯の温度をθ湯℃としましょう。温かいお湯はたっぷりあって、ビー玉を入れたくらいでは温度は変わらないとしましょう。ビー玉をお湯に入れると、ビー玉の温度が上がります。そしてお湯の温度と同じになってそれ以上変わらなくなります。温かくなった後のビー玉の温度をθ玉、後℃とすると、θ玉、後＝θ湯になり、ビー玉の温度は（θ玉、後－θ玉、前）℃だけ上がりました。ビー玉の熱容量をC玉［J／K（ジュール／ケルビン）、今はJ／℃だと思ってかまいません］とすると、お湯に浸されたビー玉は、$C_{玉}$×（$\theta_{玉、後}$－$\theta_{玉、前}$）ジュールの熱を、お湯からもらったとみなします。（熱容量）×（温度変化）、これが顕熱の定義です。顕熱の単位はジュールで、エネルギーと同じ単位ですね。熱容量については、次節で説明します。

ここから注意していただきたいのですが、ビー玉は熱をもらったのですが、ビー玉内に熱を溜めたのではなくて、ビー玉の内部エネルギーを増やしたと考えるのです。ビー玉は、$C_{玉}$×（$\theta_{玉、後}$－$\theta_{玉、前}$）ジュールの熱を溜めたと解釈してはいけません。蓄熱という

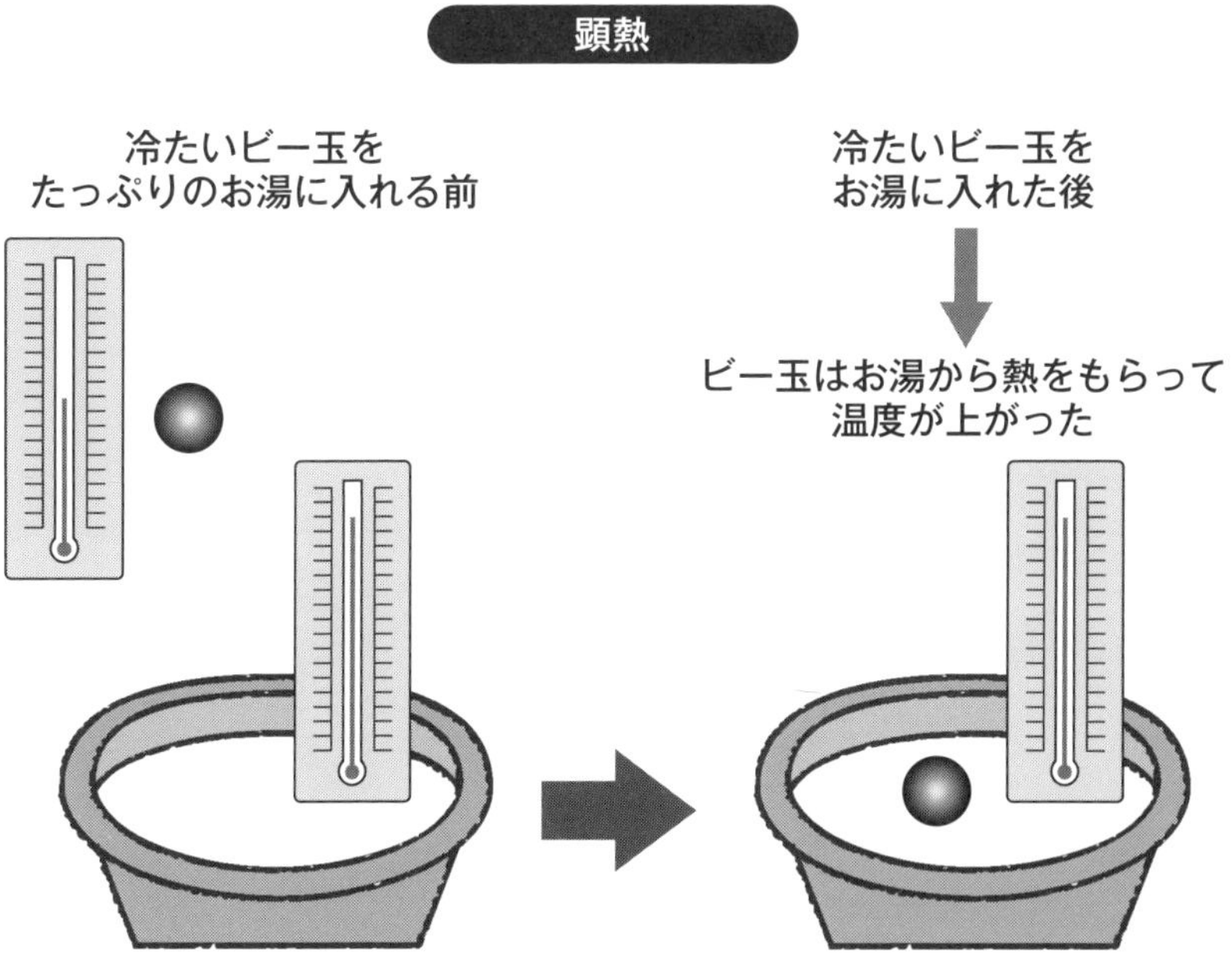

言葉があるので、熱を溜めたように思われるかもしれませんが、物理学的に正確なのは、熱をもらって、内部エネルギーが増えたという解釈なのです。

顕熱の定義

顕熱の定義をよく考えると、顕熱はビー玉の温度が上がっている間に、お湯から移動してきていることがわかります。つまり顕熱とは、冷たいビー玉を温かいお湯に浸した時に、温度が上がってビー玉の内部エネルギーを変化させる原因となったものということになります。それを私たちは「熱」と呼んでいて、熱がお湯からビー玉に移動したと表現しているのです。

一口メモ

蓄熱という用語はあるが、熱を受け取っても、熱を熱として溜めたと解釈するのは間違っている。受け取った熱はその物質の内部エネルギーを増加させたと正しく理解しよう。物質は熱を持たないのだ。

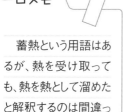

エネルギーとは、そもそも「ある状態において（今の場合ある温度において同じ）」物質が持っている能力です。温度が変化しているときは、状態が決まりません。そのため、温度が変化する際に出入りする熱は、物理学的にはエネルギーとは呼べないのです。

簡単な式で表しておきましょう。お湯に浸す前の冷たいビー玉が持っている内部エネルギーを$U_{\text{球、前}}$として、浸して温かくなった後の内部エネルギーを$U_{\text{球、後}}$とします。お湯からビー玉に移動した熱を$Q_{\text{湯→玉}}$とすると、$Q_{\text{湯→玉}}$によってビー玉の内部エネルギーが増加したので、

$$U_{\text{球、後}} - U_{\text{球、前}} = Q_{\text{湯→玉}} \qquad (5.1)$$

が成り立ちます。この式がとても重要です。

状態量と作用量

（5.1）式の等号の上は、ビー玉の内部エネルギーの項からなっていて、ある状態で決まる量です。これを「状態量」と呼びます。内部エネルギーは状態量の1つです。逆に状態が変化している間、たとえば温度が変わっているような時には、内部エネルギーがどうなっているかは、わからないのです。

それに対して等号の下の熱は、温度の変化に対して定義される物理量です。状態の変化に対して定義されているので、状態そのものには存在しない物理量なのです。これが「熱がエネルギーではない」という根拠になります。熱は物質に作用して、左辺の内部エネルギーの変化を引き起こすという意味で作用量や、物質の状態を操作するということから操作量と呼ばれたりします。明らかに、等号の下の作用量（操作量）と上の状態量とは性質が異なります。それら性質の異なる物理量が等式で結ばれている点が（5.1）式のすごいところです。

コーヒーブレイク

「熱エネルギー」という用語は、エネルギー関連の専門書でもよく使われています。しかし本節で記したように熱は状態量ではないので、状態量であるエネルギーとは明らかに異なります。

ビー玉がもらった熱はどうなった？

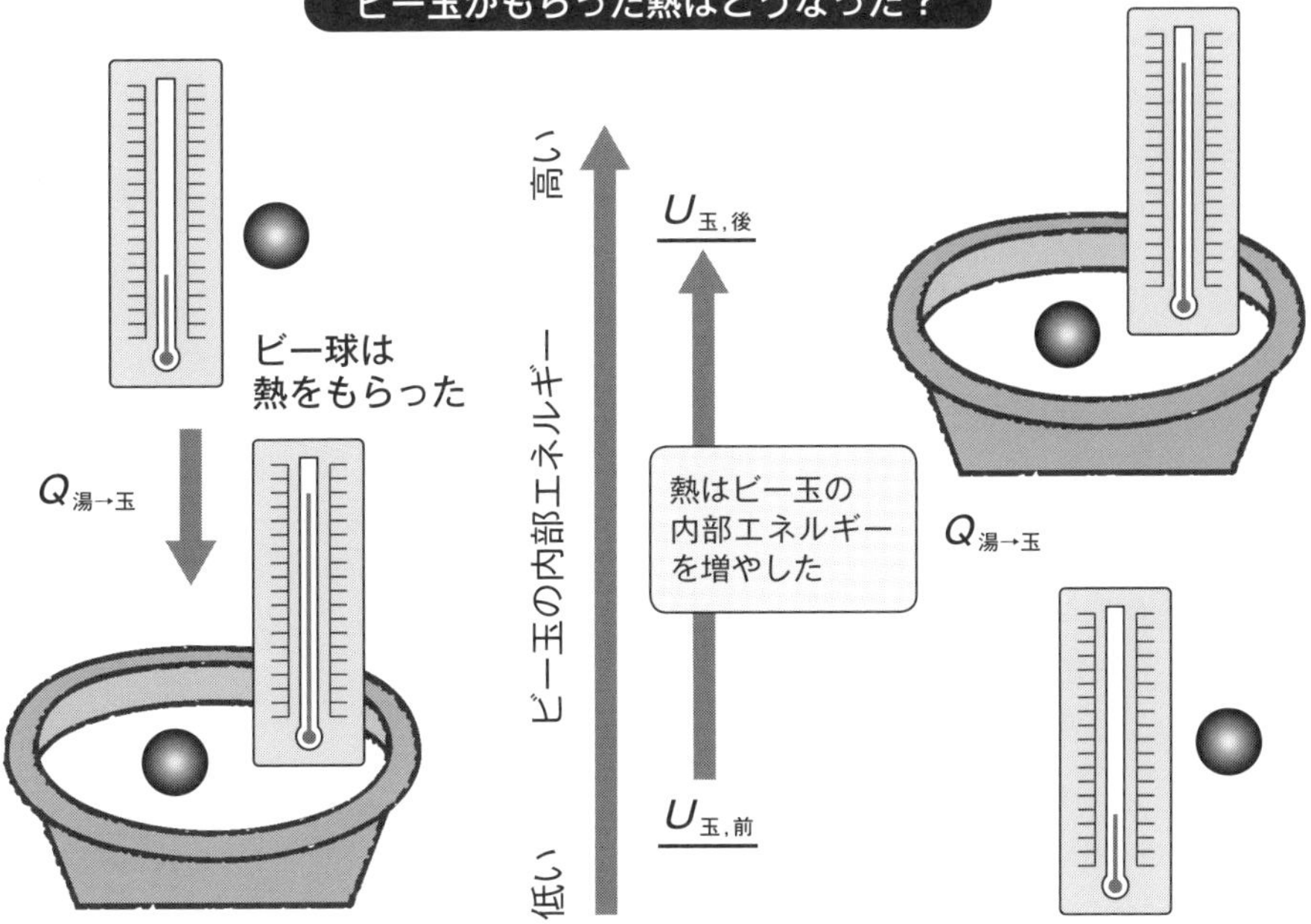

状態量と作用量

$$U_{球,後} - U_{球,前} = Q_{湯\to玉}$$

状態量：ある状態で決まる

作用量：物質に作用して
状態の変化を引き起こす

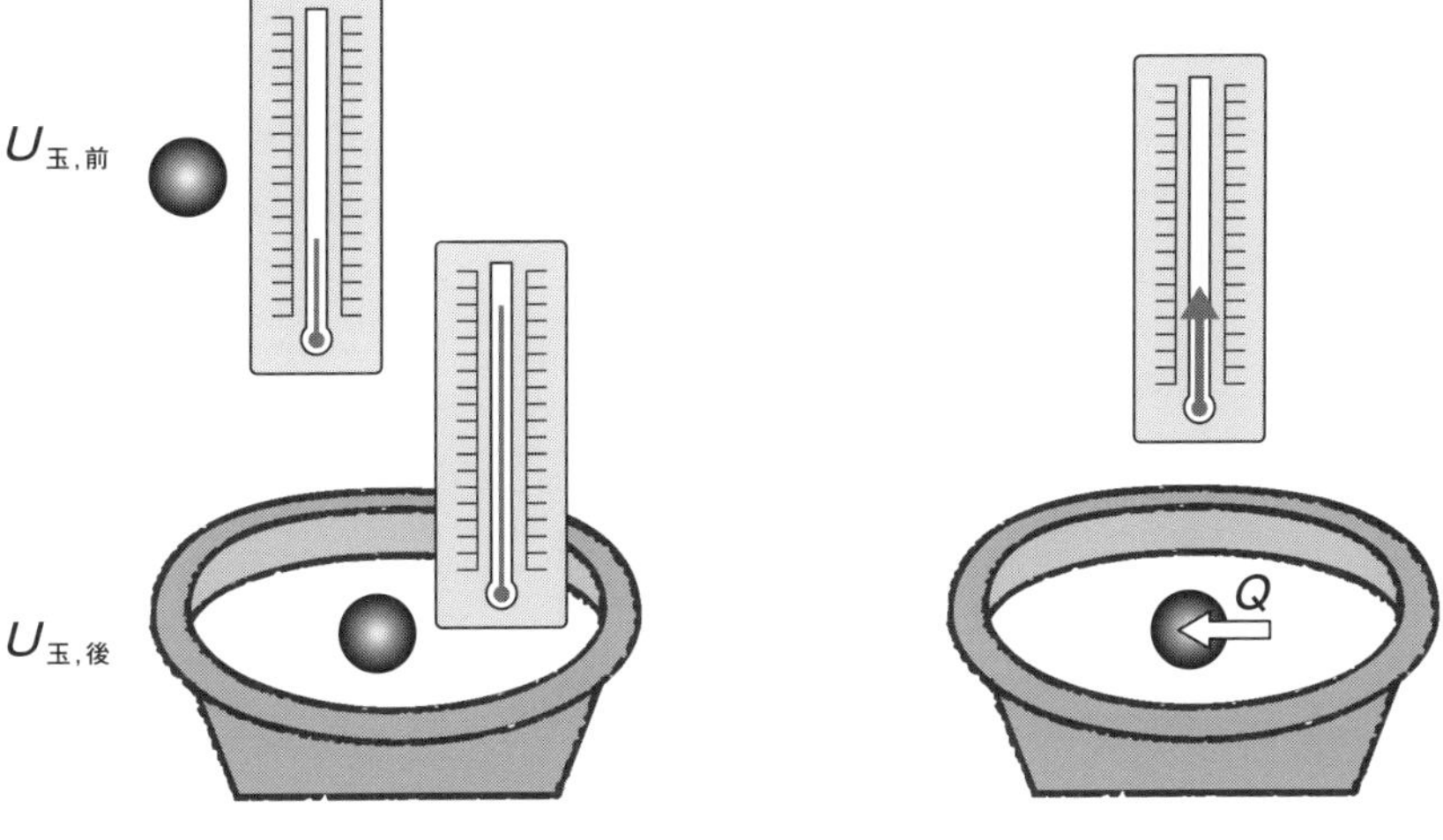

6 比熱、熱容量から熱量へ

顕熱と比熱～ブラッグの功績

鉄の球100（$m_{鉄}$）グラムを90℃（$\theta_{鉄}$）に温めておきましょう。それを20℃（$\theta_{水}$）の水100（$m_{水}$）グラムに入れて、温度変化を測定したら、鉄球の温度は下がり、水の温度は上がり、最終的に27℃（θ）になります。かなり熱い鉄球を水に入れたのに、思ったより水の温度は上がりません。実は物質によって温まりやすさや温めやすさは異なるのです。それをブラック（英：1728～1799年）は比熱を用いて評価しました。つまり、鉄の比熱を$c_{鉄}$、水の比熱を$c_{水}$として、

$$c_{鉄}/c_{水}=m_{水}(\theta-\theta_{水})/m_{鉄}(\theta_{鉄}-\theta) \qquad (6.1)$$

で比熱比を与えたのです。水の比熱$c_{水}$を基準の1として、鉄の比熱を求めると、$c_{鉄}=0.1$となります。(6.1)式は、水に対する鉄の温まりやすさを相対的に表したものです。比熱が小さいということは、相手の影響を受けやすいということを意味します。鉄の比熱は水の10分の1なので、90℃の鉄も20℃の水の影響を受けて27℃に大きく温度が下がってしまいます。逆に水は比熱が大きいので、20℃が27℃になるだけで、鉄のように大きな温度変化は起こさないのです。もう1つ重要なことは、(6.1)式の右辺が測定している物理量になりますが、実際に観測しているのは物体の質量と温度変化だけであって、熱を測定しているわけではないということです。

移項すると意味が変わる～顕熱の熱量

(6.1)式を書き直すと

熱い鉄球を水に入れる

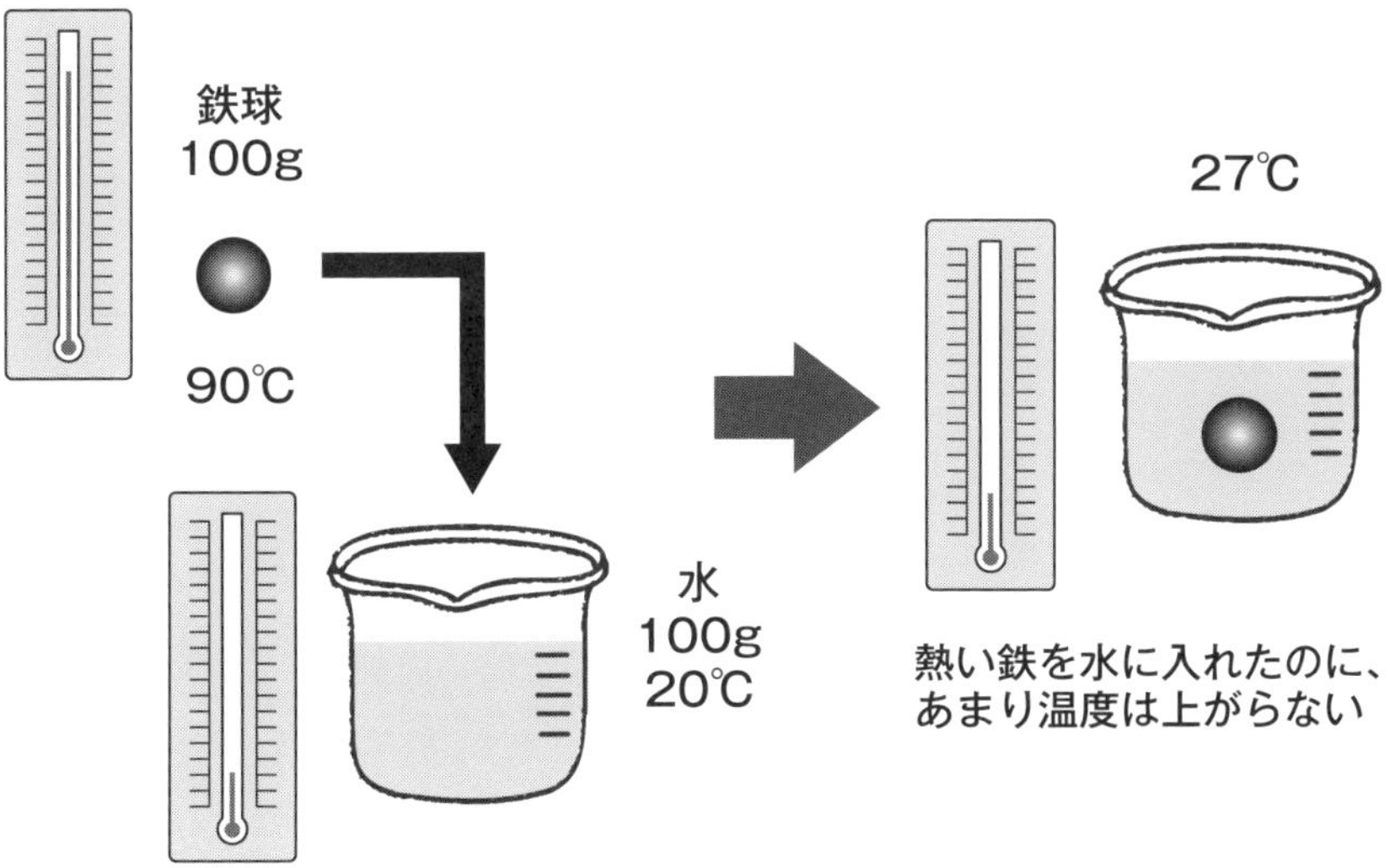

熱い鉄を水に入れたのに、
あまり温度は上がらない

$$c_{鉄} \cdot m_{鉄}(\theta_{鉄} - \theta) = c_{水} \cdot m_{水}(\theta - \theta_{水}) \qquad (6.2)$$

となります。また、比熱と質量をかけたc・mを熱容量といいCで表すと

$$C_{鉄}(\theta_{鉄} - \theta) = C_{水}(\theta - \theta_{水}) \qquad (6.3)$$

となります。(6.2) 及び (6.3) 式は、(6.1) 式を書き直しただけですが、その解釈は違ってきます。(6.2) あるいは (6.3) 式の左辺を鉄球が失った熱量と定義し、右辺を水が受け取った熱量と定義します。これが顕熱の熱量の定義になります。つまり、鉄は鉄のまま、水は水のままで、反応したり、溶けたり蒸発したりという変化を起こしたりしない時、顕熱の熱量を、その

一口メモ

比熱は本来、水を基準にしたモノの温まりやすさ相対的に表したもの。それに質量を掛けて熱容量とし、熱容量に温度変化を掛けて熱量と解釈した。水の比熱は鉄の10倍も大きい。そのため水はあたたまりにくいが、さめにくい。

物質の熱容量と温度変化の積と定義するのです。

（ある物質に出入りした顕熱の熱量）＝

（その物質の熱容量）×（その物質の温度変化）

　このように熱量を定義すると、この現象は熱の移動として解釈できます。つまり、鉄球から水に熱が移動したため、鉄球の温度は下がり、水の温度は上がったと解釈するのです。実際に測定しているのは、あくまでも温度（変化）であり、熱容量（比熱）は前もってさまざまな物質に対して測定しておきます。その時、熱量という概念が定義でき、それが移動して温度変化を引き起こすというふうに解釈できるようになったのです。

水の比熱

　水の比熱に関して補足しておきましょう。現在では、水の比熱は4・18J／（g・K）［Kは絶対温度のケルビンですが、今はJ／（g・℃）で構いません］とされています。中途半端な数字ですが、以前は、熱量はカロリーという単位で表されていて、カロリー単位だと水の比熱は1カロリー／（g・K）となります。ブラッグのころには、熱はまだ特別なものとして取り扱われていたので、カロリーという独自の単位で表していたのですね。水の比熱が4・18J／（g・K）ということは、水1グラムの温度を1℃上げるために4・18ジュールの熱が必要ということです。これを使うと、コーヒー一杯を入れるために、水150グラムを15℃から90℃にするために加える必要のある熱量は

4.18×150×（90−15）≈47000ジュール

（47キロジュール）

となります。正確には水の比熱は温度によって変わるのですが、おおよそこれくらいになります。

　水の比熱は他の物質に比べて、とびぬけて大きいことが知られています。

コーヒーブレイク

　エネルギーの単位は国際的には「ジュール」です。しかし、カロリーは「カロリーが高い」など、すでに日常用語となっています。たとえばレストランのメニューにはカロリーが表示されています。これが『ハンバーグ定食（1000ジュール）』と変わることはおそらくないでしょう。

温まりやすさの定量化～比熱を使おう

$$\frac{c_{鉄}}{c_{水}} = \frac{m_{水}(\theta - \theta_{水})}{m_{鉄}(\theta_{鉄} - \theta)}$$

$$\frac{c_{鉄}}{c_{水}} = 0.1$$

鉄の温まり
やすさは
水の10倍

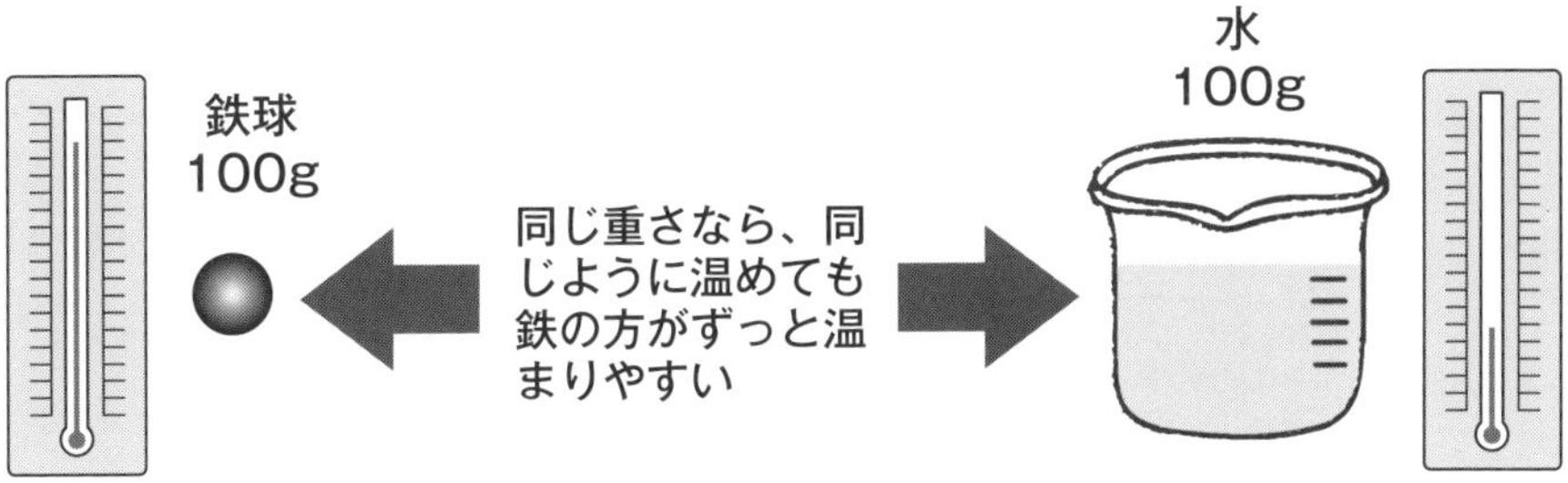

水の比熱は 4.18J/(g・K)

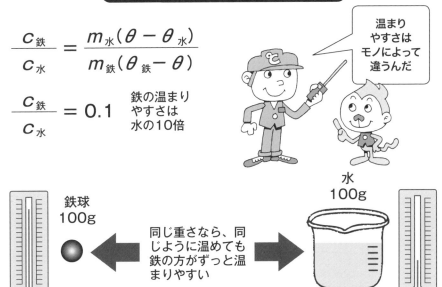

7 物質に潜む熱？ ― 状態変化に伴って出入りする潜熱 ―

沸騰している時の温度は変わらない

顕熱はわかったので、次は「潜熱」を考えてみましょう。顕熱は温度変化を伴う熱量でしたが、熱が出入りしているにもかかわらず、温度変化しないことがあります。実は、みなさんもよく知っている現象なのですが、やかんや鍋に水を入れて加熱してみましょう。温度計を差し込んでおいてその目盛りを見ておきましょう。ガスコンロや電気コンロで、やかんや鍋の底を温めていきます。するとドンドン温度が上がります。温度が上がっている間は、まさに顕熱で、熱が移動して水の内部エネルギーが増加しているのです。そして、100℃になるとぼこぼこ激しく沸騰が始まります。温度計の温度表示を見ると、お湯が沸騰している限り、ずっと100℃を示したまま、温度はそれ以上、上がらないことに気づくでしょう。加熱の仕方は変わってないので、熱はずっと供給されているはずですが、温度は変わりません。

やかんや鍋の中で起こっているのは水の蒸発という現象です。水の蒸発は、水という液体状態から、水蒸気という気体の状態への変化ですが、蒸発するためには、熱が必要なのです。これを水分子の立場から考えておきましょう。水分子はH_2Oと表されますが、分子間力という分子同士の間で働く引力によって引っ付こうとします。この分子間力は、あまりに分子同士がくっ付きすぎる時以外は、本質的に引き付けあう性質があります。そのため大気圧のもとでは、水は分子同士でくっ付きあって水という液体の状態でいるのです。

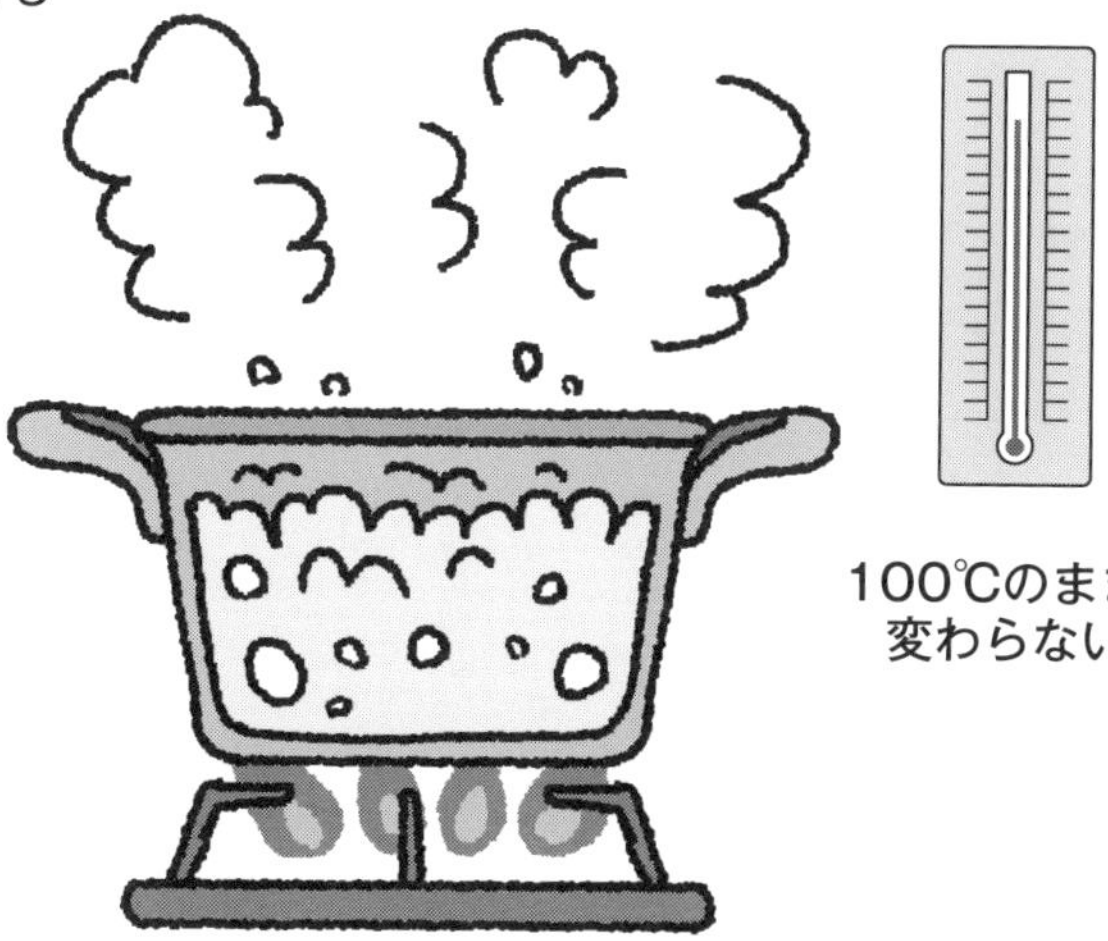
沸騰している時は100℃
大気圧のもとで
どんどん加熱しても
100℃のままで

内部エネルギーだけど熱運動

一方、熱が移動して温度が高くなると内部エネルギーが増加します。水が加熱されて温度が上がるということは、水の内部エネルギーが増加することに他なりません。この内部エネルギーの増加は、実は、水分子が激しく運動することに相当します。ここでいう運動とは、ブルブル震えて周りの分子にボコボコぶつかっているような状態です。そしてややこしいことに、この水分子の運動を「熱運動」と言います。内部エネルギーは熱じゃないと説明して事実その通りなのですが、内部エネルギーが増えることは、その物質を構成している分子や原子の熱運動が激しくなることを言う

一口メモ

蒸発を考えると、蒸発に伴う潜熱（これを「蒸発熱」と言う）が大きい方が蒸発に必要な熱が多いことを意味するので、沸騰する温度（沸点）も高いことが予想される。これはおおむね正しく「トルートンの規則」として知られている。

のです。熱運動しているから、内部エネルギーを熱エネルギーと呼びたくなる気持ちもわかりますが、すでに述べたように、熱はエネルギーではありません。

温度変化を伴わない潜熱

脱線しましたが、大気圧のもとで、水を加熱して100℃になると沸騰が始まります。沸騰というのは、100℃以下では、水分子同士に働く力が強くて液体状態であったのが、熱運動が激しくなって、その分子間力を打ち破って、気体としてバラバラに飛んでいく現象です。その温度が、水分子の場合には、大気圧のもとで100℃と決まっているのです。そのため加熱を続けても、やかんや鍋の中の水が全部蒸発しきるまで、100℃が続きます。これは熱の移動とともに温度が変化する顕熱とは明らかに異なる現象です。ブラッグは、熱を加えているにもかかわらず、温度が上がらないこのような熱を潜熱と名付けました。温度変化を伴わないので、あたかも熱が物質に潜んでいるように思えるからでしょう。

水の蒸発に限らず、水が凍る時（「凝固」と言います）や、固体から直接気体になる時（二酸化炭素の固体であるドライアイスの二酸化炭素ガスへの気化）も同様に、大気圧のもとで、ある一定温度で起こります。つまり、水や二酸化炭素のような、1つの成分からできている物質は、気体・液体・固体の状態が変化する時に、ある特定の温度で潜熱を出し入れするのです。

潜熱は、物質の状態変化に伴う、内部エネルギーの変化に相当します（厳密には蒸発のように体積が大きく変化する場合には体積変化によるエネルギー変化も考慮する必要があります）。蒸発の逆の「水蒸気⇒水」の状態変化を「凝縮」と呼びます。凝縮の際には蒸発の真逆なので発熱を伴い、その大きさは蒸発熱に等しくなります。

コーヒーブレイク

1つの成分からできている物質の場合、大気圧の元での状態変化は、ある一定温度で起こります。しかし、2つ以上の成分からできている混合物の場合、温度は一定にならず、連続的に変化しながら状態変化を起こします。

分子間力と熱運動

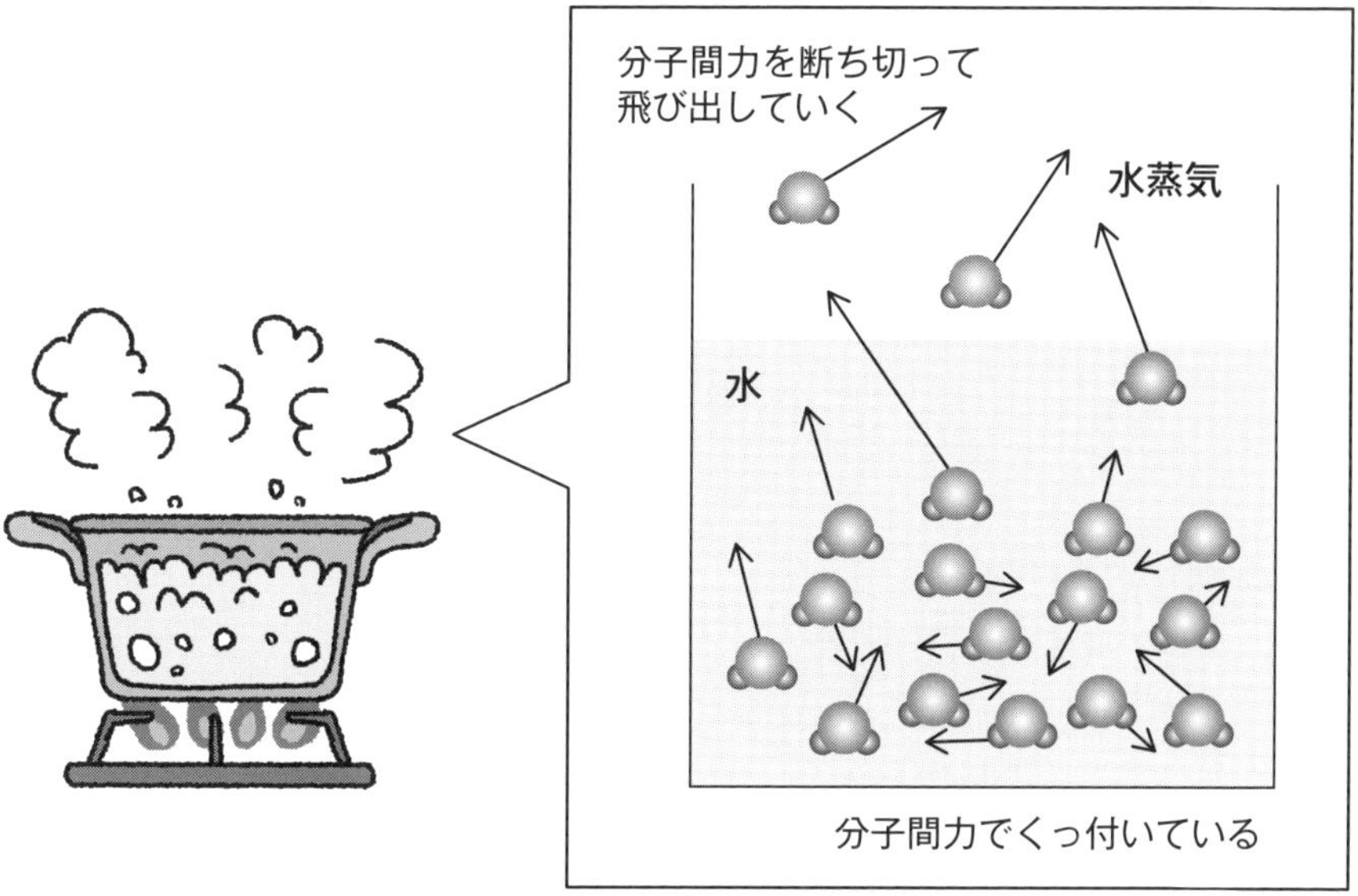

蒸発熱

100グラムの水を沸騰させて水蒸気にするには
226キロジュールの熱量が必要

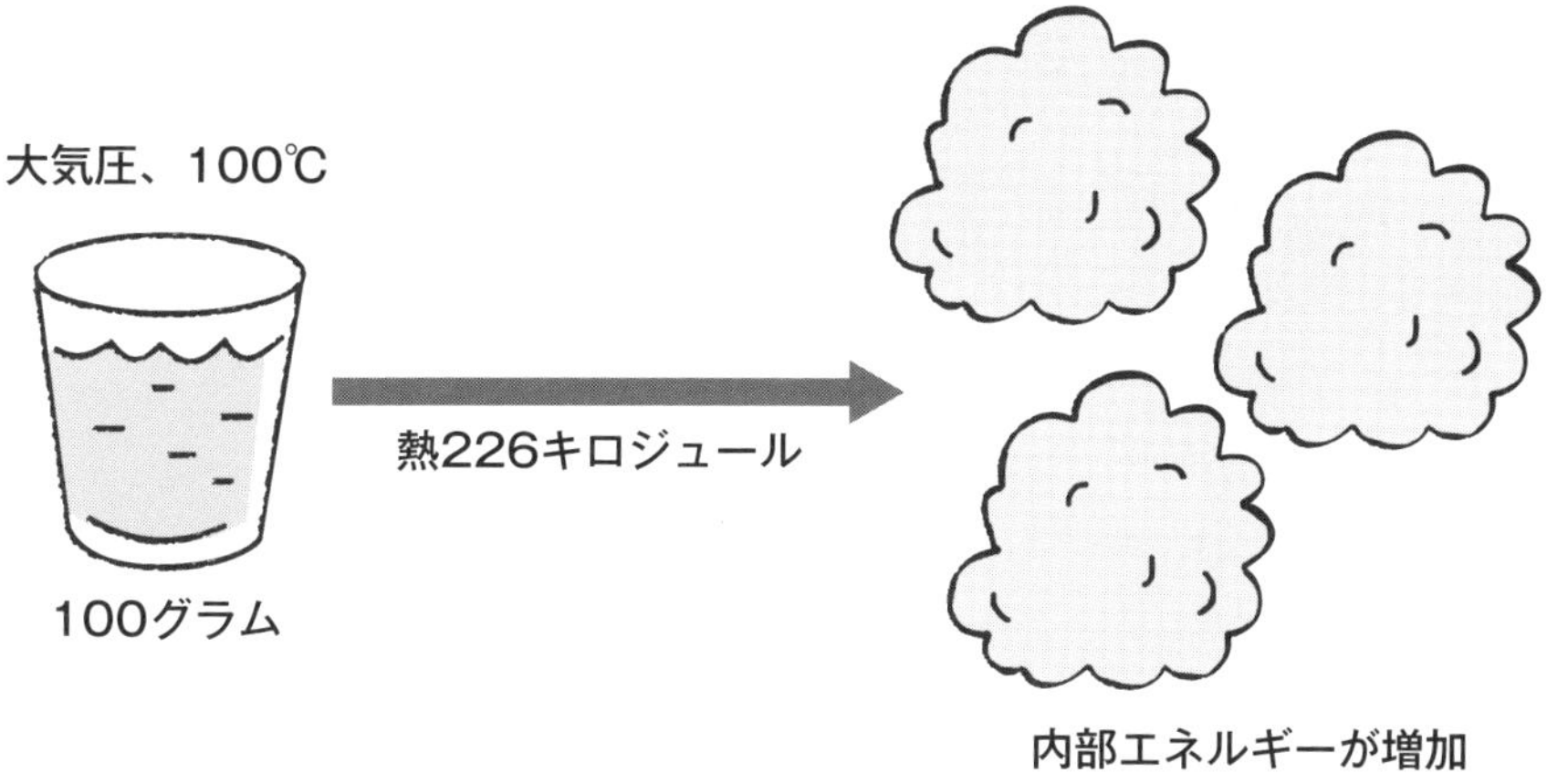

8 鉄が錆びたら熱が出る

化学反応に伴う熱～反応熱

顕熱と潜熱は、化学反応を伴わない場合に観察される熱でした。その他にも、みなさんがよくご存じの通り、化学反応が進行すると、それに伴って熱の発生や吸収が起こります。身近なところでたくさん起こっていますが一番身近？なのは、私たちの体の中で起こっている反応でしょう。私たちは、炭水化物を食べ物として食べて、空気を吸い込んで、空気中の酸素と炭水化物を徐々に反応させ、その時に発生する熱で体温を維持しています。

それは、あまりに身近であるにもかかわらず、実際に起こっていることは複雑なので、逆にピンとこないかもしれません。そのほかにも、台所のガスコンロでは、都市ガスやプロパンガスを空気中の酸素で燃焼させて発生する熱を使って料理しています。また、冬に便利な使い捨てカイロは、あの袋の中に鉄の粉と水分と塩化ナトリウムなどの塩類が入っています。鉄が錆びることはよく知られていますが、それを加速して、あの袋の中でドンドン錆びさせて、その時に発生する熱を使って温かくしているのです。基本となるのは鉄と酸素と水が反応して、水酸化鉄（赤錆びのもと）になる反応です。反応式で書くと

$4Fe + 3O_2 + 6H_2O \Rightarrow 4Fe(OH)_3$

鉄＋酸素＋水→水酸化第二鉄（赤錆びのもと）です。鉄1グラムが錆びると7200ジュールの熱が発生します。今袋の中に鉄粉が25グラムほど入っているとして、完全に錆びると173キロジュールほどの熱量を放出します。これは15℃の550mLの水（自販機で売っている少し大きめのサイズのペットボトルの

反応に伴って熱を出す

炭水化物と空気中の
酸素と反応

都市ガスやプロパンガスを
空気中の酸素で燃焼

鉄粉が空気中の
酸素によって酸化

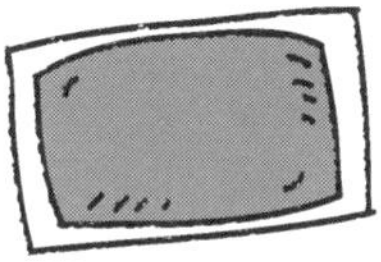

体積）を１００℃にまで温めることができる熱量に相当します。５００Ｗの電子レンジだと、およそ６分で発生する熱と同じです。それを10時間ほどかけて、徐々に放出して50℃を保つように作ってあるのです。

反応熱も内部エネルギーの変化分

このように化学反応に伴って発生する熱を「反応熱」と呼んでいます。反応熱も内部エネルギーの変化で理解できます。鉄粉が１グラムあると、それが酸素分子０・４グラム（体積では室温で３３０mL、小さな缶ビールの体積くらい）と水０・５グラム（水滴およそ10滴分）と反応して、水酸化第二鉄が１・９グラムほどできます。上に述べた量の鉄粉と酸素分子と水は、１

一口メモ

反応熱も内部エネルギーの変化分に対応するとしているが、正確には特に気体が関与する反応の場合、後に述べる体積変化に伴う仕事を考慮する必要がある。しかし議論の本質は変わらないので、本書では内部エネルギーのみを関連づけて議論している。

・9グラムの水酸化第二鉄よりも、7200ジュール高い内部エネルギーを持っているのです。使い捨てカイロの外のプラスチック製の袋を破って、中のカイロが空気（の中の酸素分子）と触れると、勝手に反応が進行して、内部エネルギーの低い状態に変化するのですが、その内部エネルギーの減少分が、熱として発生するのです。

　このように変化が内部エネルギーが減少する方向に起こる反応を「発熱反応」と呼びます。

発熱ばかりとは限らない

　反応が進行する時は、発熱することが多いのですが、すべての反応が発熱を伴うわけではありません。たとえば瞬間冷却パックをご存じないでしょうか。夏場にはコンビニエンスストアでも販売されていると思います。使い方はきわめて簡単で、袋の中に、さらに水が入っている水袋があるのですが、叩いてその水袋を破るだけです。瞬間冷却というだけあって、すぐに冷えて使えます。ただ、その冷たさは、長時間は持続しません。中で何が起こっているかというと、外袋の中には水袋と一緒に硝酸アンモニウムという固体が入っています。硝酸アンモニウムが水に溶ける時に、熱を吸います。パックには、硝酸アンモニウムが120グラム入っていますが、これが完全に水に溶けると40キロJの熱を吸います。これを内部エネルギーで言い換えると、硝酸アンモニウムと水が別々にある状態（要するに硝酸アンモニウムが水に溶けていない状態）と硝酸アンモニウムが水に溶けた状態を比べると、硝酸アンモニウムが水に溶けた状態の方が、内部エネルギーが高いことになります。内部エネルギーを増やさないといけないので、熱を吸うのですが、その性質をうまく使っているのですね。内部エネルギーを増やす反応を「吸熱反応」と呼んでいます。

コーヒーブレイク

　化学反応をミクロに見ると、原子や分子の組換えです。それには電子が本質的な役割を果たしています。電子の負の電荷によって正の電荷を持つ原子核が結び付けられて、物質が構成されているのです。

内部エネルギーの変化分が熱になる

$$4Fe + 3O_2 + 6H_2O \Rightarrow 4Fe(OH)_3$$

鉄＋ 酸素 ＋ 水 → 水酸化第二鉄

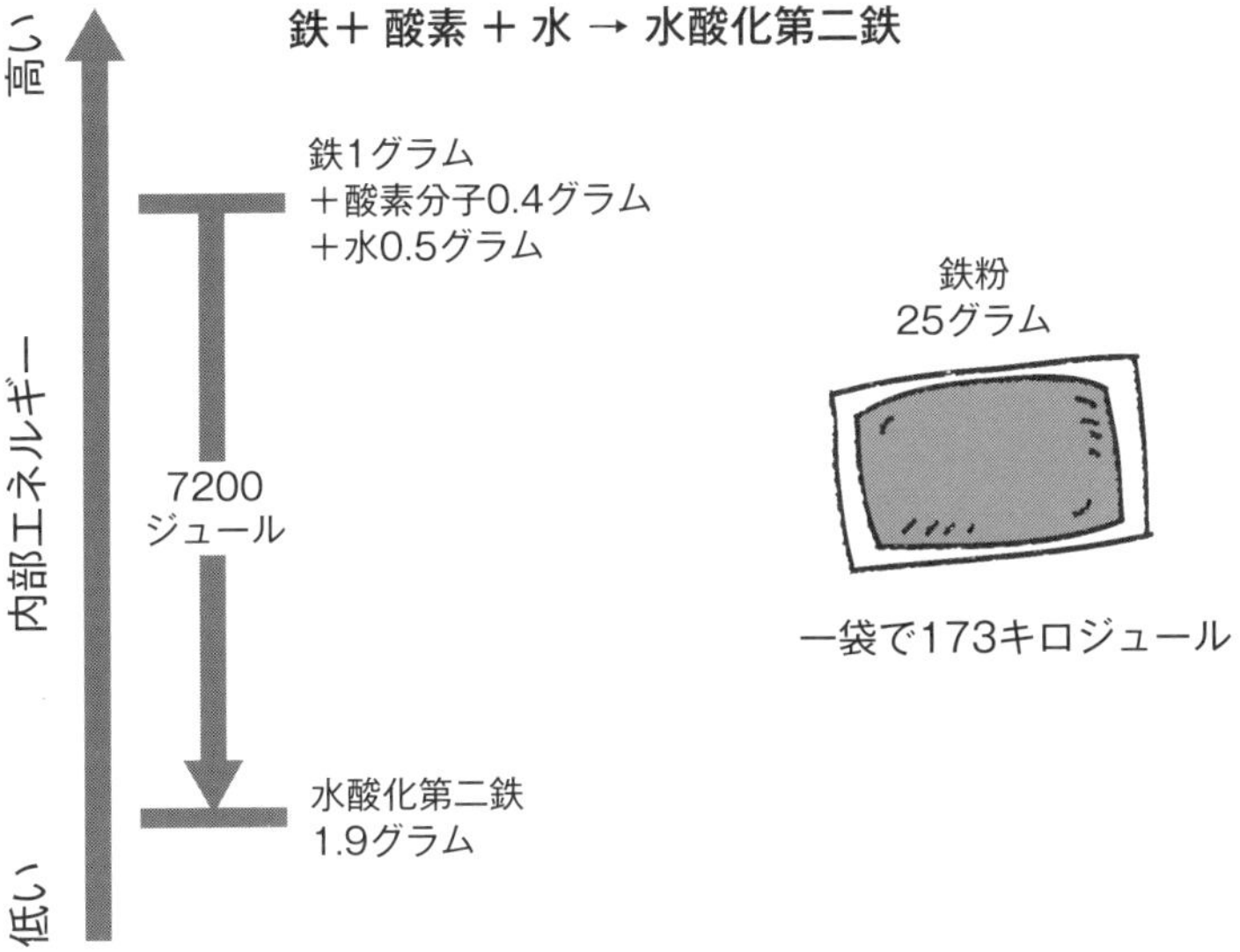

発熱ばかりじゃない

瞬間冷却パックの中

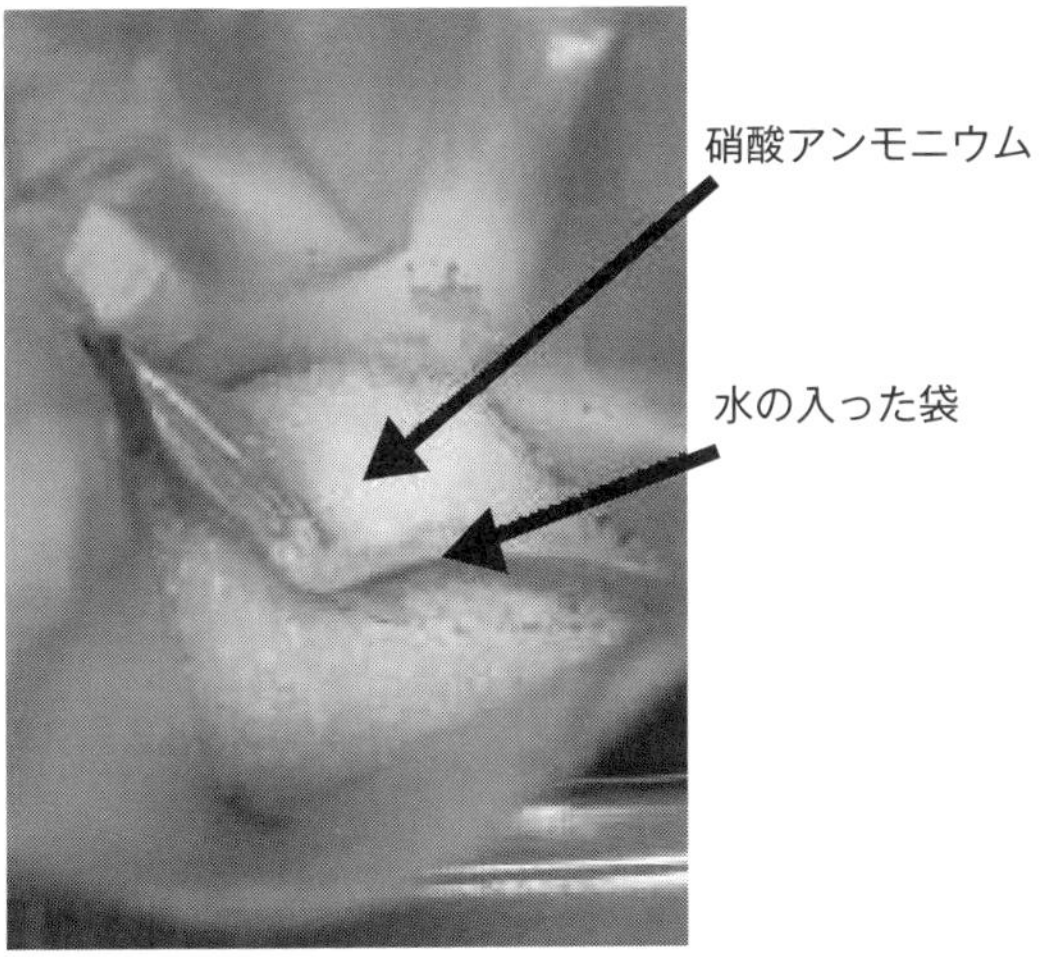

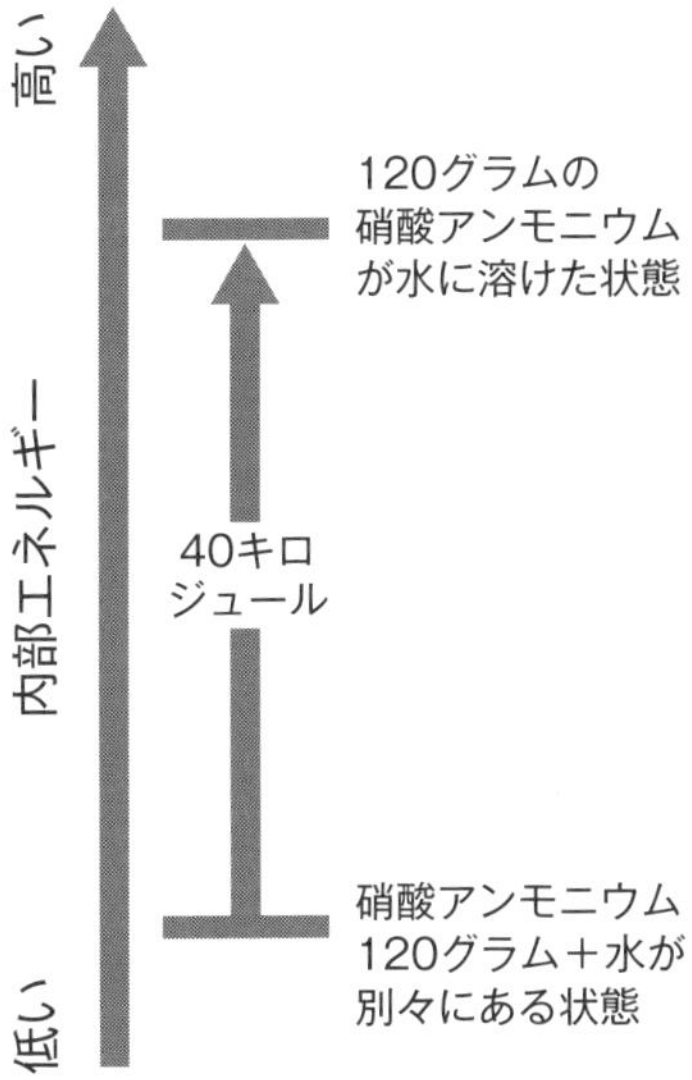

9 こすると熱くなる～摩擦熱

摩擦で熱に変わっている

４節でジェットコースターの重力のポテンシャルエネルギーや運動エネルギーも、ガソリン車のガソリンの内部エネルギーも運動エネルギーも、最後は止まるから、なくなっているように見えると言いました。かたや、エネルギーはなくならないので、ちょっと不思議でした。

これはもちろん、摩擦で熱に変わったのです。ガソリン車の場合で考えてみましょう。私たちはガソリン車でドライブして帰ってきて車を止めます。その間に使ったガソリンの内部エネルギーは、途中で運動エネルギーに変わっていますが、最後は摩擦で熱に変わったのですね。これを「摩擦熱」と言います。そもそも摩擦がないと、タイヤが回転しても、道の上を滑るだけで前に進めませんから、ドライブできません。また逆に、動いたとしても、摩擦がないとブレーキをかけても止まれないのでたいへんなことになりそうです。

摩擦熱は周りの内部エネルギーを増加させる

正確に言うと、摩擦で熱に変わって、熱エネルギーになったのではなく、周りの環境を少しだけ温かくして、環境の内部エネルギーを少しだけ増加させたと解釈します。その周りの内部エネルギーの増加分を含めると、エネルギー保存則が成り立っています。

ジェットコースターでは、止まると重力のポテンシャルエネルギーと車体の運動エネルギーはゼロになるので、すべて周りの環境の内部エネルギーの増加分になっています。その結果、少しだけ地球を温めている

エネルギーは摩擦で熱に変わった

摩擦がないと前に進めない

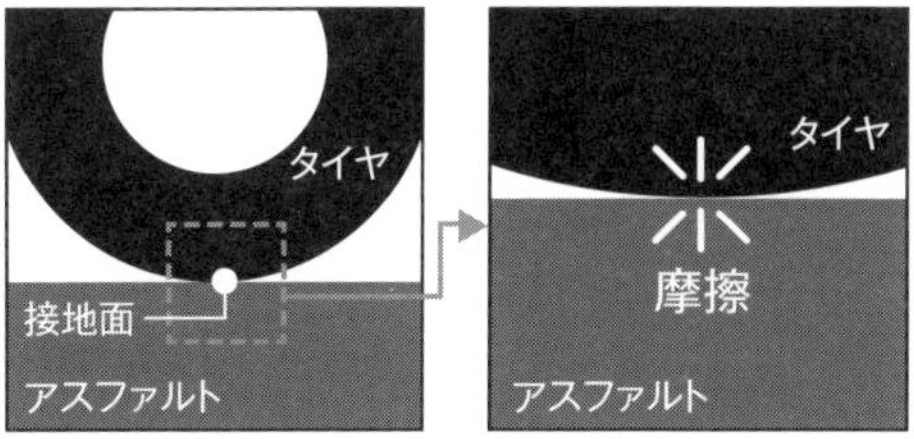

摩擦がないとブレーキが効かない

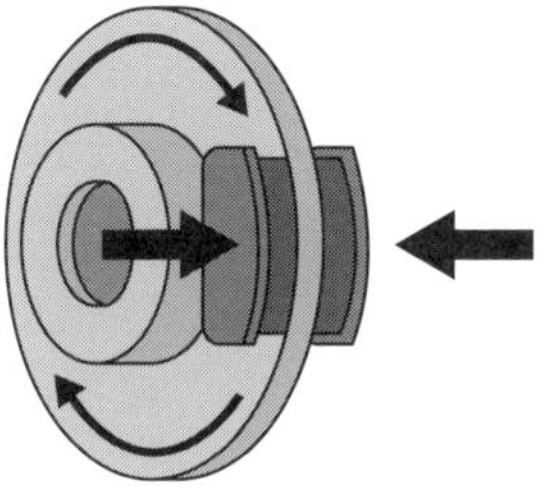

のですね。

エネルギーの最初から最後まで

ジェットコースターにしても、ガソリン車にしても、途中からのエネルギーの収支を考えているので、なんとなく気持ち悪いですね。ガソリン車のエネルギーの元は、ガソリンの持つ内部エネルギーです。ではそのガソリンの内部エネルギーはどこから来たかというと、ガソリンは化石燃料ですが、化石燃料は、数億年前の太陽光のエネルギーが、内部エネルギーとして凝縮された物質です。そして太陽光のエネルギーは、太陽で起こっている核融合のエネルギーが大元です。つまり、今、私たちがガソリン車を動かしてドライブで

一口メモ

重力のあるところで物体をある高さから落とすと、地面に衝突して止まる。これも物体の持っていた重力のポテンシャルエネルギーが衝突で熱に変わり地面の内部エネルギーを増やしているが、これは摩擦熱とは呼びにくい。

きるのは、数億年前の太陽光のエネルギーのおかげで、そのもとは太陽で起こっている核融合なのです。とっても不思議じゃありませんか。

ちなみに日本で私たちが使うエネルギーをまかなうために必要なエネルギーを「一次エネルギー」と呼びますが、その90%は化石燃料に頼っています。つまり、現在の日本の活動の90%は数億年前の太陽光のエネルギーで維持されているのです。化石燃料は燃やすと二酸化炭素を排出する問題もありますが、大切に使わないといけないのですね。

さて、ドライブして帰ってくると、摩擦によって、使ったガソリンの内部エネルギー（大元は太古の太陽光の核融合エネルギー）は、すべて周りの環境の内部エネルギーになっています。どのくらいかというと、使ったガソリンを空気中で燃やしたのと同じだけの熱を発生させたのです。たとえば、ガソリンを10リットル使ったとすると、850リットルの水を15℃から100℃に熱することができます。お風呂満杯が200リットルくらいなので、ざっとお風呂満杯で4杯以上の水を15℃から100℃まで温められるくらいなので、すごい量のエネルギーですね。ガソリン車も山のように走っていますし、地球全体でみたら、すごい量の内部エネルギーの増加になるので、どんどん地球が温かくなってもおかしくないですね。

でも安心してください。地球は宇宙空間に熱として内部エネルギーの増加分を捨てています。よく晴れている夜は、放射冷却で地面が冷たくなります。これは、地表から宇宙空間に、内部エネルギーを捨てているからなのです。そして宇宙の内部エネルギーが増加していることになりますが、宇宙はあまりに大きいので、ほとんど無視できます。地表から宇宙空間へのエネルギーの捨て方は、「熱輻射」と呼ばれます。熱輻射については、またあとで解説しましょう。

コーヒーブレイク

摩擦で火をおこそうとしたことはありませんか。木と木を擦り合せても熱くはなりますが、なかなか火は点きません。今は見かけなくなりましたが、マッチは摩擦を利用して簡単に火が点けられる道具でした。細い木の先っぽにリンや塩素酸カリウムが塗られていて、それを擦って発火していました。

摩擦熱は環境の内部エネルギーを増加させる

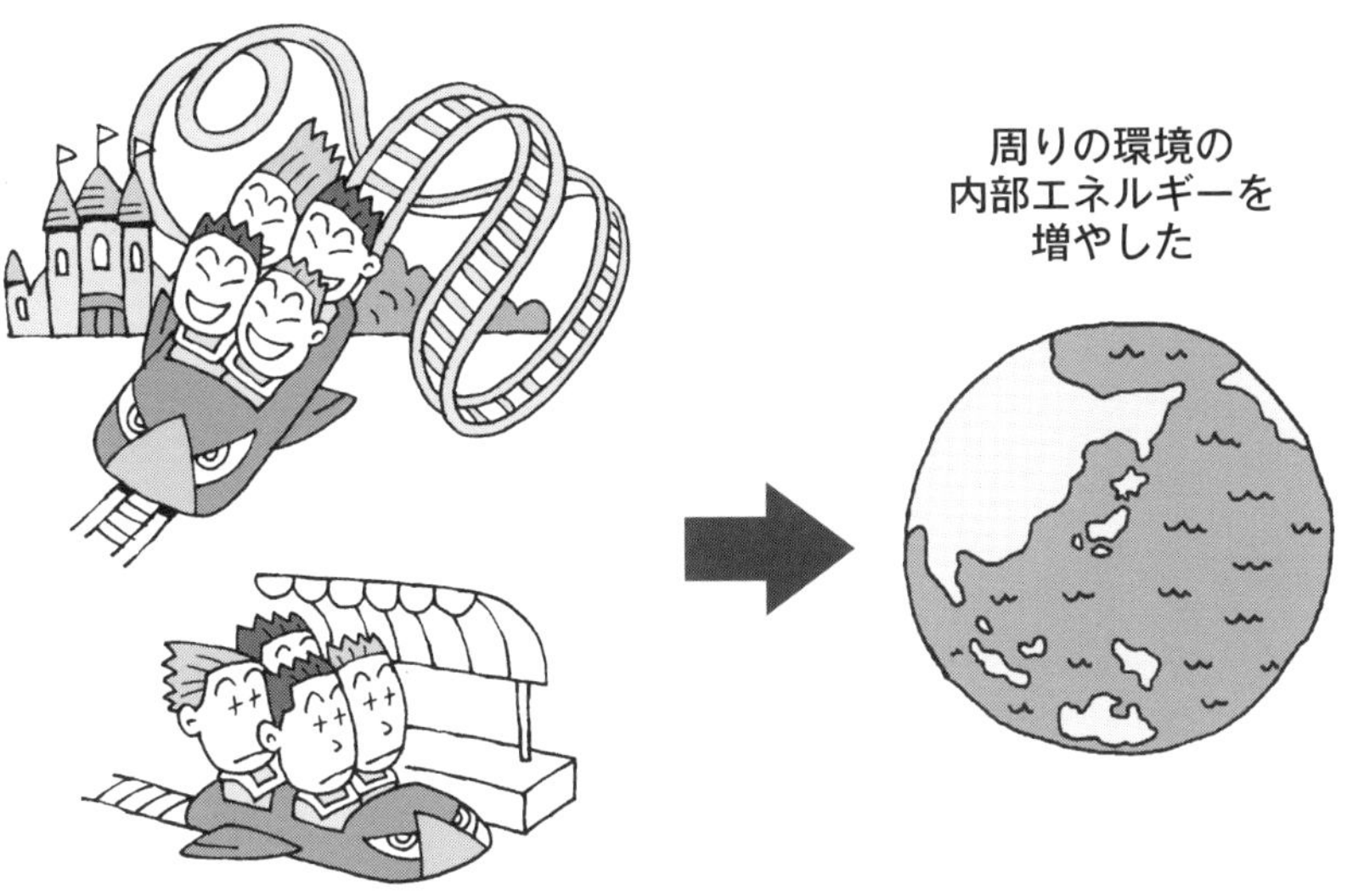

ドライブできるのは数億年前の太陽のおかげ

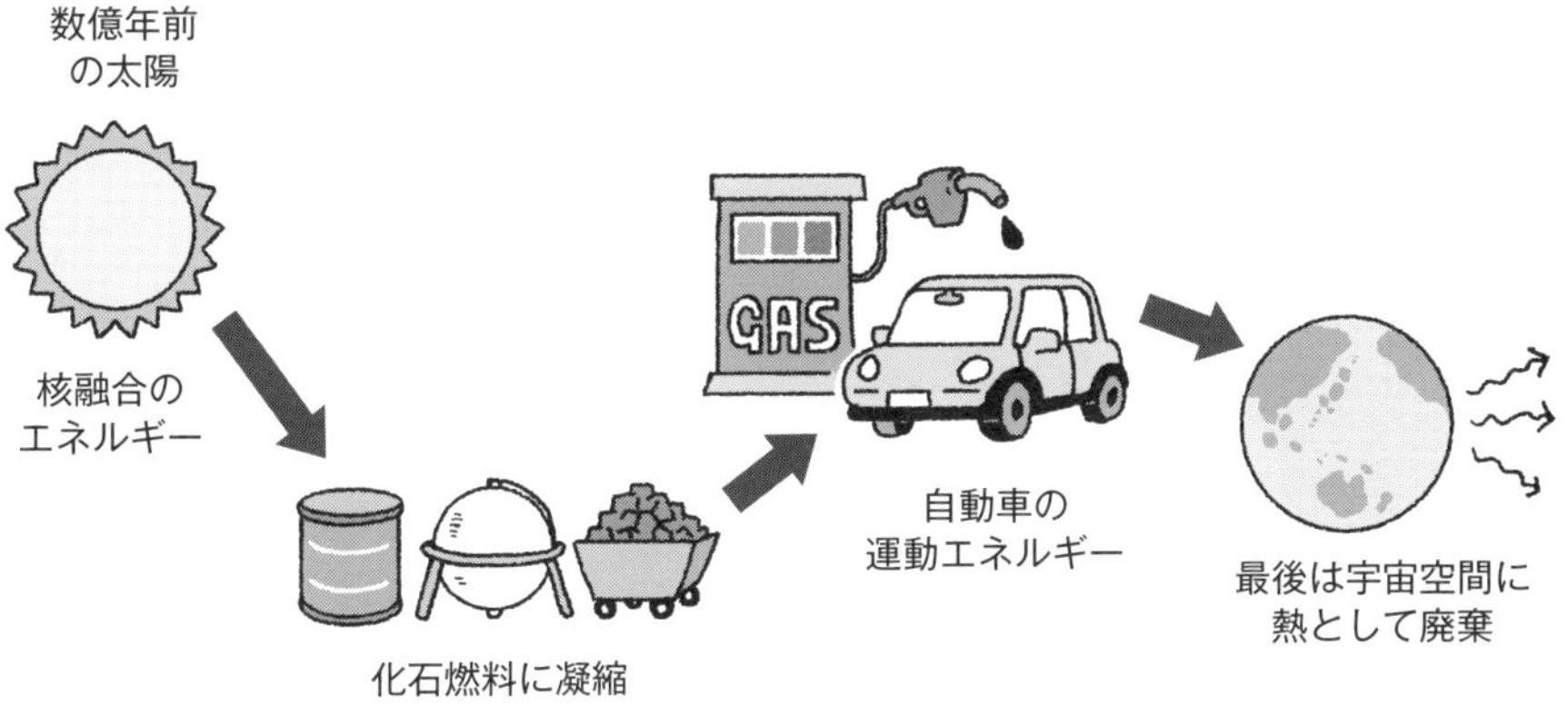

10 エネルギーのもう1つの移動形態
―仕事という作用量―

仕事は物体を動かすこと

前節で、一見、エネルギーがなくなったように見えても、実は摩擦熱によって、環境の内部エネルギーの増加になっていることが理解いただけたと思います。このように「熱」は、エネルギーが移動する際の一形態なのですが、実は、熱だけでなく、もう1つ、エネルギーが移動する形態があります。それが「仕事」です。

仕事は「ある物体に力を加えて、力を加えた方向にその物体を動かすこと」と定義されます。熱が定義するのが困難であるのに対して、仕事の定義は明確です。ただし、私たちが日常使う仕事とは、意味が違っていることにも注意しておきましょう。たとえば、私たちはずっと座ってパソコンを叩いていても、仕事をしたと言いますが、キーボードを少し押すとはいえ、物理的な仕事はほとんどしていません。また重たい荷物を持ってずっと立っていると、すごく仕事をした気分になりますが、荷物を動かしていないので、物理的な仕事はまったくしていません。

そしてより重要なことは、力を加えて物体を動かしている、その変化の過程で定義されているので、「仕事」は、状態量ではなく、作用量であることです。

仕事とエネルギーの密接な関係

3節で、エネルギーとは、「ある状態において、物質が持つ、他の物体を動かす能力のこと」と定義しました。他の物体を動かすことを仕事というので、エネルギーとは「ある状態において、物質が持つ、仕事をする能力のこと」と言い換えられます。エネルギーは

物理的仕事の定義

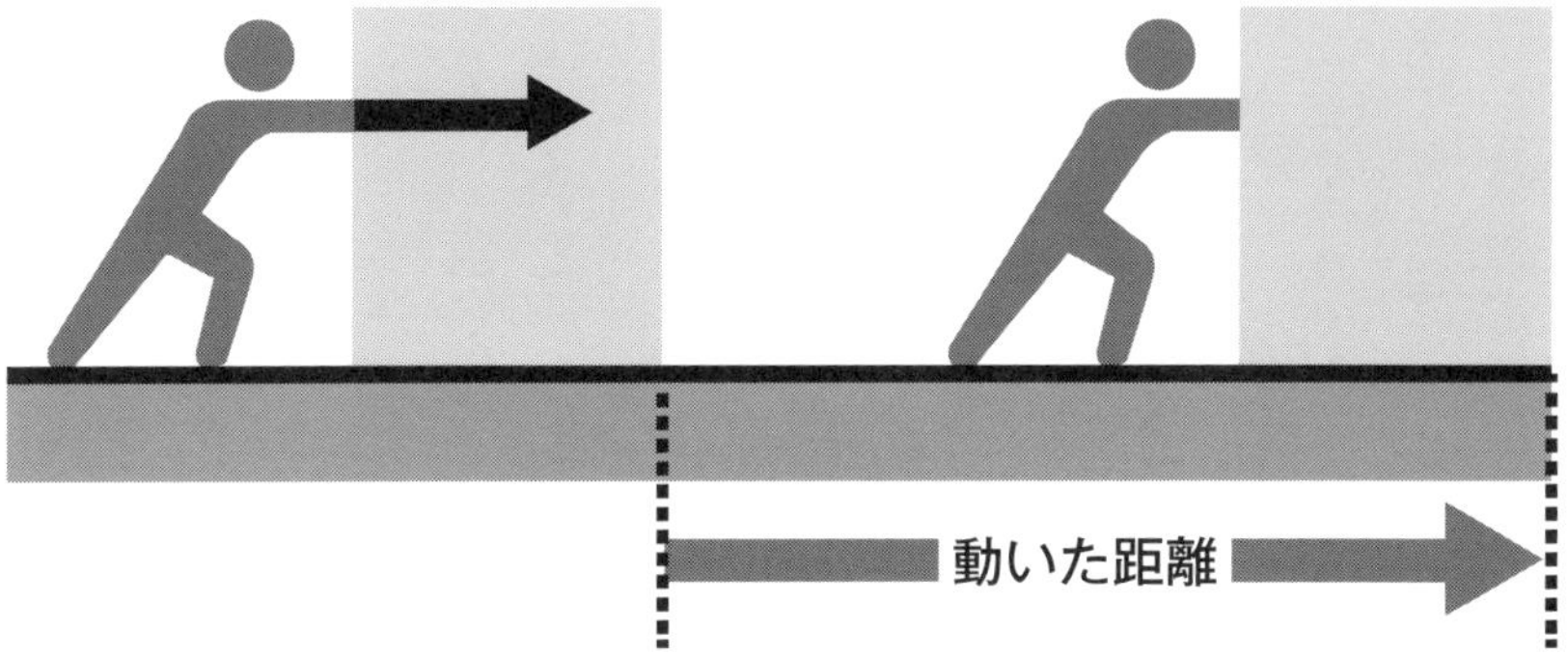

熱よりもむしろ、仕事と密接にかかわっていたのです。

私たちは物体を動かしたいことが多いのです。産業革命の時代にエネルギーや仕事という概念が生みだされました。その最初は、炭鉱で石炭を掘るとあふれ出す地下水をくみ上げるための、揚水ポンプ(のちに進化して蒸気機関)に端を発しています。まさに必要は発明の母ですね。

蒸気機関の発達に大きな功績を残したのが、ワット(英:1736~1819年)です。ワットによって、蒸気機関の効率は飛躍的に向上し、熱と仕事との関係が議論できるようになったのです。これはのちに温度とは何かを考える時に重要になるので、また取り上げたいと思います。

一口メモ

仕事は熱と同じように状態量ではなく作用量である。仕事には力学的仕事(体積仕事)や電気的仕事などがある。作用量は状態量であるエネルギーの移動形態であるとも言える。熱と仕事以外に作用量はない。

仕事の種類

力を加えると言いましたが、具体的にはどんな力があるでしょうか。力というと最初に思いつくのは、力学的な力でしょう。机の上のコップに指先で力を加えてその方向に動かす、これは立派な物理的仕事です。

蒸気機関に端を発した内燃機関は、ガソリン車やディーゼル車などにはなくてはならない技術ですが、気体の体積変化を利用しています。つまり、シリンダーの中に閉じ込められた気体に、熱を加えたり冷やしたりして、ある圧力で膨張あるいは圧縮をして仕事をして、車体を動かすのです。この場合は、気体の体積変化を伴うので、体積仕事と呼ぶことがあります。

モーターを使えば、電気で簡単に物体を動かすことができます。換気扇、扇風機、掃除機、洗濯機など、すべてモーターが使われて、羽やファンを回して、空気を動かしたり、洗濯槽内の衣類を動かしています。これを電気的仕事と呼びます。

そもそも家庭の電気は、主に火力発電所からきています。火力発電所は、化石燃料を燃やして熱を発生させ、その熱を水に与えて、水蒸気にして配管内を移動させます。この時、化石燃料の内部エネルギーは、水蒸気の内部エネルギーと運動エネルギーの増加に変換されています。その水蒸気の運動エネルギーを使ってタービンを回して（タービンの運動エネルギーに変えて）、さらにタービンの運動エネルギーを電気に変えて発電します。これが私たちに届いている電気です。

物質は内部エネルギーを持っているので、物質が出入りするような状況では、それによって内部エネルギーが変化します。しかし物質の出入りがない状態においてはエネルギーの移動形態としては「熱」と「仕事」しかありません。ただし、これまで見てきたように熱にも仕事にもいろいろな種類はあります。

コーヒーブレイク

電気エネルギーという用語も熱エネルギーと同様にしばしば用いられます。しかし、力を加えて物体を動かしている、その変化の過程で定義されているので「仕事」は状態量ではなく作用量なのです。

したがって、電気的仕事が正しくて、電気エネルギーはおかしいのです。

蒸気機関の構造

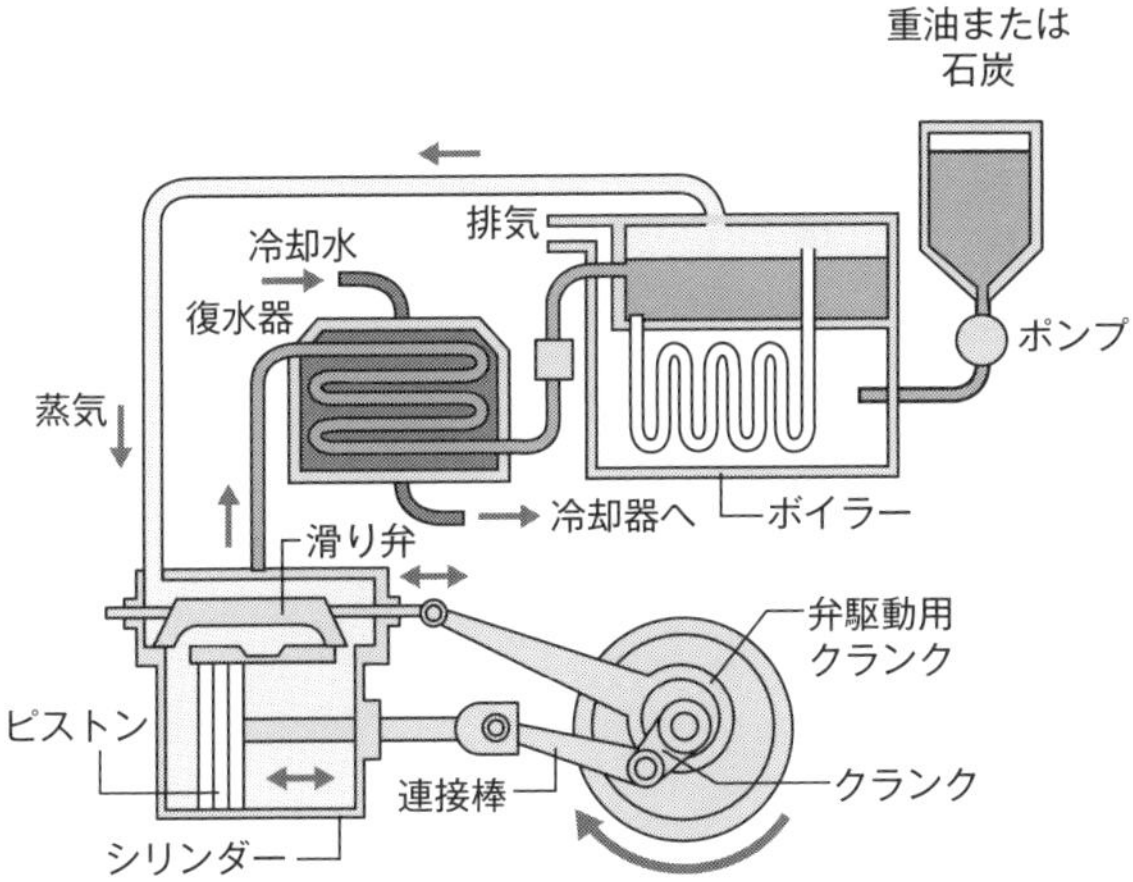

仕事の種類

体積仕事

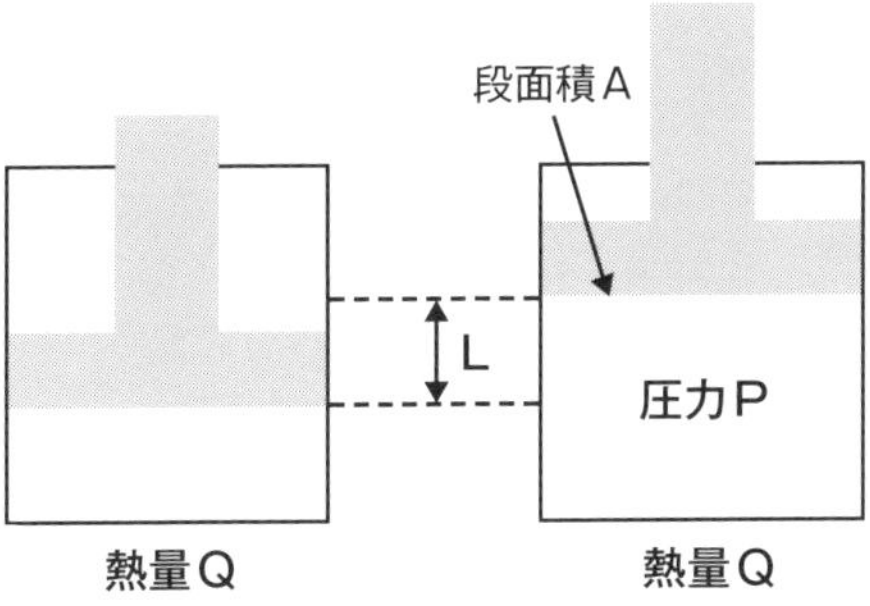

電気的仕事

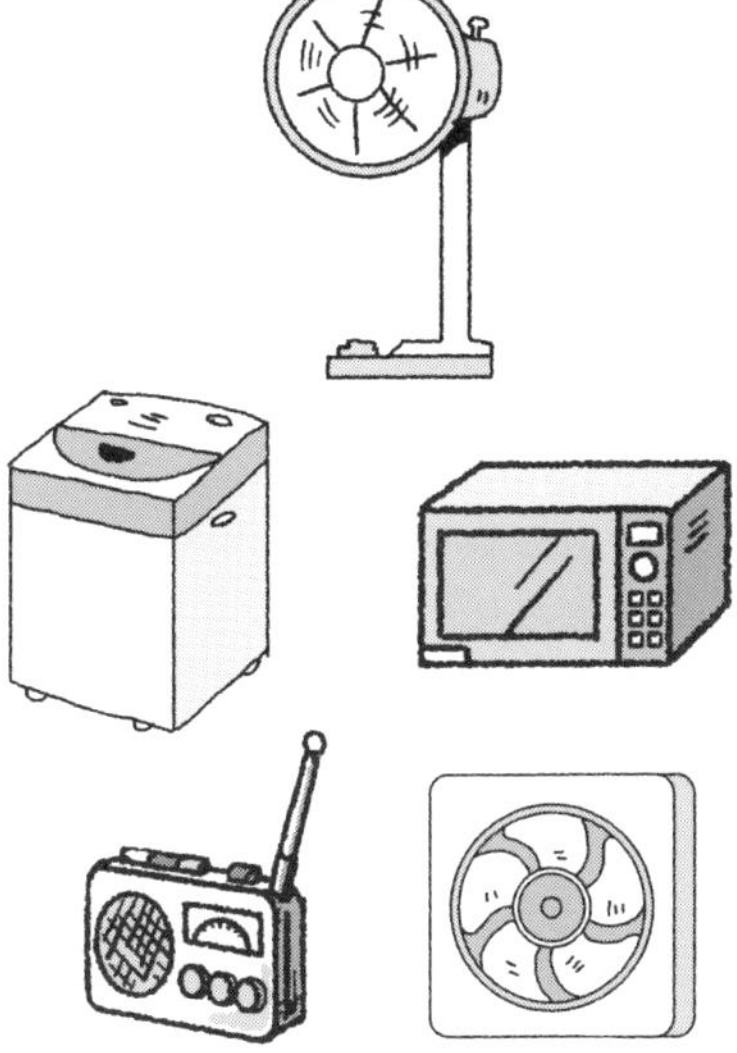

11 仕事に変わる熱

ちょっと特殊な熱

熱の最後の1つにたどり着きました。（もう1つ、きわめて特殊な熱がありますが、それは第4章のお楽しみで）それは仕事に変わる熱です。ピストンの付いた円筒形のシリンダーの中に気体を閉じ込めておきましょう。ピストンは外から圧力がかかっていますが、自由に動けるとしましょう。また、外部からシリンダーを温めたり、冷やしたりも簡単にできるとします。

まずある温度にしてあるシリンダーを温めてみましょう。つまり中の気体に熱を加えるわけです。そのためには周りを少し温める必要があります。気体は温められると膨張するので、ピストンが外からの圧力に抗して外に向かって動きます。ピストンには圧力がかかっていますが、圧力にピストンの面積をかけると力になるので、結局、中から力を加えて、その方向に動かしていることになります。つまり、仕事をしています。仕事のもとは、外から加えた熱でした。そしてこのように、熱は仕事をすることができます。ある程度温め終わったら、もとの温度に戻しておきましょう。温める前の温度に戻しても、ピストンは元の場所にまでは戻りません。気体の体積が膨張したので、気体の内部エネルギーが増加しているように思えるかもしれませんが、実は、気体（正確には理想気体）の内部エネルギーは温度で決まるので、温める前の温度に戻すと気体の内部エネルギーは元に戻って変化していません。つまり、膨張だけ考えると、気体に与えた熱はすべて仕事に変わったと言えます。この熱は、仕事に変わる熱としか言いようのない熱です。

本章ではこれまで5種類の熱を見てきました。これ

いろんな種類の熱がある

熱の種類	性質
顕熱	物質の温度を変える
潜熱	物質の状態変化に伴って出入りする
反応熱	化学反応に伴って出入りする
摩擦熱	摩擦や抵抗によって運動エネルギーから変わる
仕事に変わる熱	体積仕事や電気的仕事に変わる

らの熱を一般的に定義することは困難です。ただ、状態量ではないこと、つまり作用量（操作量）であること、エネルギーではなく、エネルギーが移動する時の一形態であること、エネルギーや仕事と相互に変換可能であることなどの共通の性質を持ちます。

エネルギー保存の法則との関係

ここでエネルギー保存の法則と仕事と熱の関係を確認しておきましょう。エネルギー保存の法則とは、この世の中のすべてのエネルギーの総量が変わらないという法則です。全宇宙のエネルギーの総和は変化の前後で変わらないという言い方もされます。

式で書くと

一口メモ

熱には、いろんな種類がある。しかし、作用量であること、エネルギーの移動の一形態であることなどの共通の性質を持つ。

ここで述べた仕事に変わる熱は、専門的には「可逆熱」と呼ばれる熱を含む。

（変化前の全宇宙のエネルギーの総和）＝（変化後の全宇宙のエネルギーの総和）　(11.1)

です。一方、私たちは全宇宙を考えるのはめんどうなことが多いです。注目しているモノや現象だけを考えれば十分ですから。そこで、全宇宙を注目している部分（系とよびます）とそれ以外の部分（外界と呼びます）に分けて、それぞれのエネルギーの総和を$E_{系}$及び$E_{外}$とします。変化の前後も下付きの前と後で表すこととするとエネルギー保存の法則は

$$E_{系,前}+E_{外,前}=E_{系,後}+E_{外,後} \quad (11.2)$$

となります。どちらも系と外界が受けとる場合を正にしています。系と外界を等号の上下にまとめて

$$E_{系,後}-E_{系,前}=-(E_{外,後}-E_{外,前}) \quad (11.3)$$

になります。ここで、等号の下の外界の変化は、私たちにとっては、熱Qや仕事Wとして観察されます。熱や仕事は系がもらう場合を正、系から出ていく場合を負とすると約束されているので、外界から見たら符号が逆になります。つまり、

$$E_{外,後}-E_{外,前}=-Q-W \quad (11.4)$$

なので、(11.3)式に代入して

$$E_{系,後}-E_{系,前}=Q+W \quad (11.5)$$

を得ます。これが系を中心としてみた場合のエネルギー保存の法則になります。系のエネルギーの総和の変化が、熱や仕事として観測されることを示しています。(5.1)式は、系のエネルギーとして内部エネルギーだけを考えて、外界とやりとりするのが熱だけという特別な場合に相当します。そして、系のエネルギーの総和が変化しない、すなわち$E_{系,前}=E_{系,後}$である時

$$Q+W=0 \quad (11.6)$$

となります。この式が仕事に変わる熱を表しています。

コーヒーブレイク

いろいろな種類のある熱をすべて網羅して一般的に定義することはとても難しいことです。一方、内部エネルギーと仕事は明確に定義できます。そこで仕事以外の内部エネルギーを変化させる何か、を熱と定義する方法もあります。

変化しても、全宇宙のエネルギーは変わらない

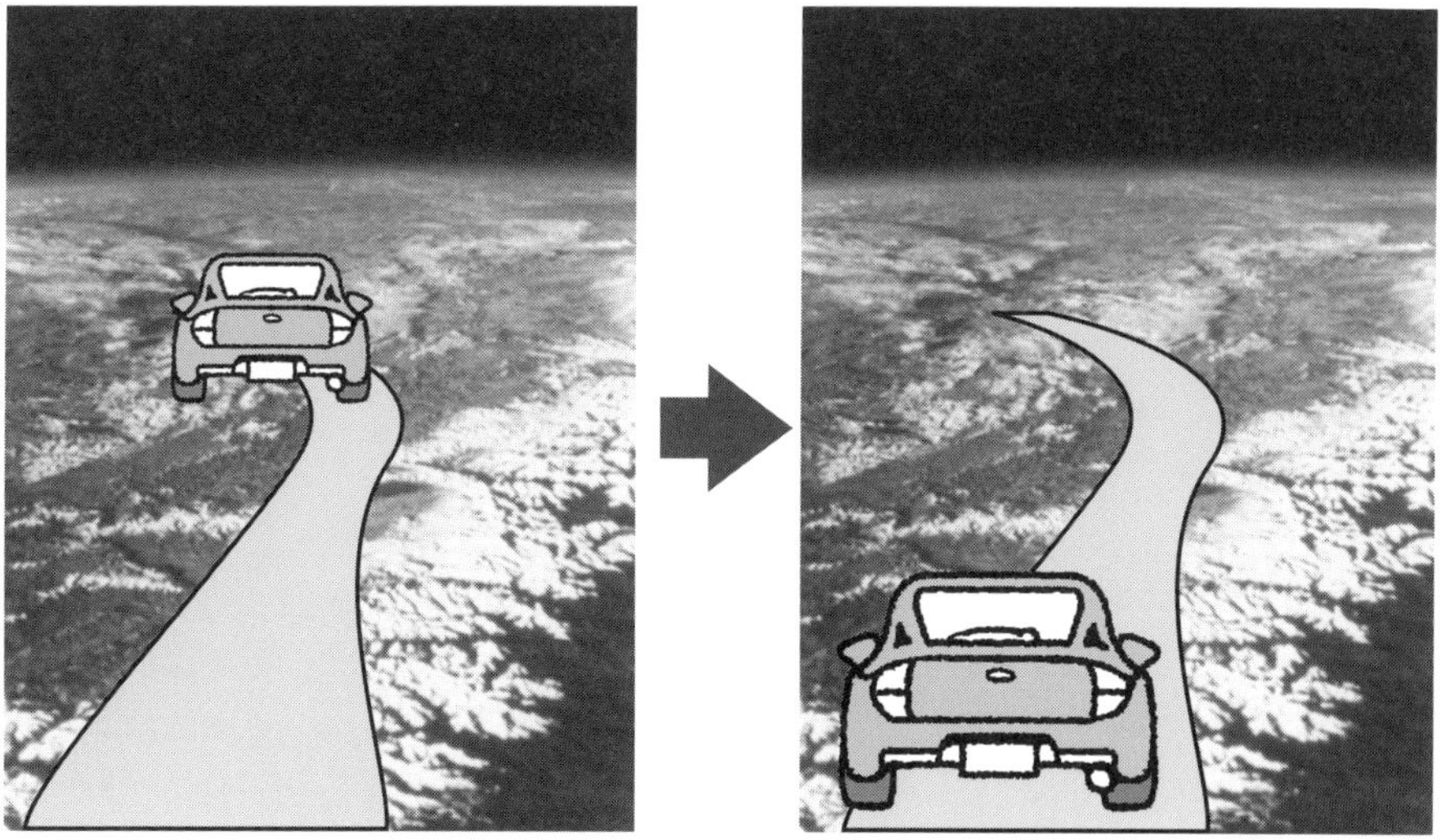

ガソリンの内部エネルギー → 車の運動エネルギー → 地表の熱

注目している部分（系）のエネルギー保存の法則

$$E_{系,後} - E_{系,前} = Q + W$$

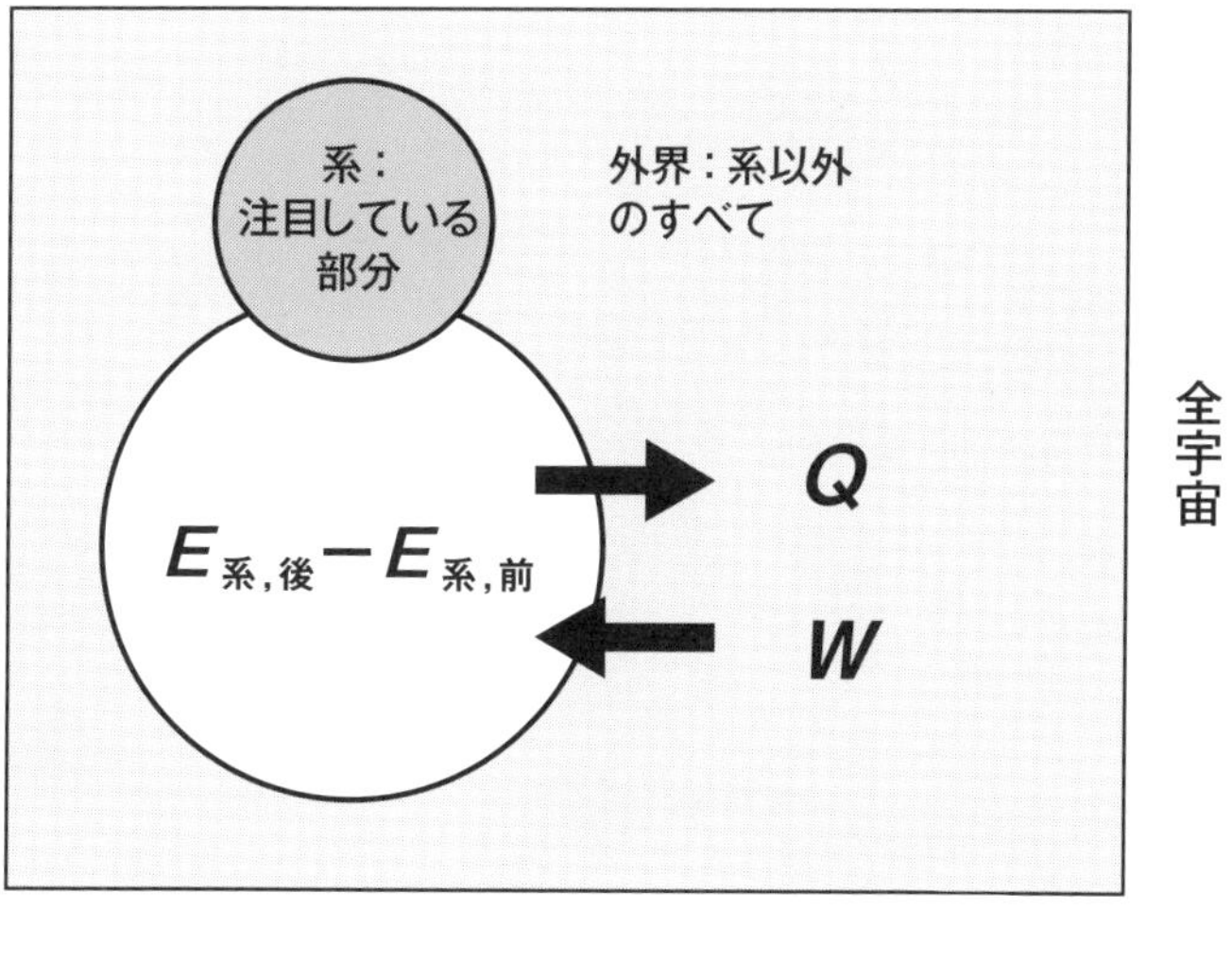

12 熱の伝わりやすさ

木製の机と鉄製の机に触れてみよう

2節の問題だった、「私たちは、どのようにして熱い・温かい・冷たいと感じているのか」について答えるには、さらに熱伝導を知る必要があります。熱伝導とは熱の伝わり方のことです。

日本人の平均体温はおよそ36・9℃で、私たちはそれよりも温度の低い環境で生活しています。室温20℃の部屋で、木製の机と金属の鉄製の机に指先で触れた時に感じる違いを考えてみましょう。鉄製の机に触れるとヒヤッとしますが、木製の机の場合はそうでもないと思います。

まず、私たちが温かい、冷たいのを感じるのは、皮膚の表面近くにある温点と冷点といわれる感覚点によります。したがって、温かいとか冷たいと感じているのは、指先表面で机と接触しているところです。鉄製の机に触れた方がヒヤッと冷たく感じるということは、鉄製の机に触れた場合の方が、指先表面の温度が低くなっていることになります。

机に触れることによって指先の温度は変化しますが、指の中の方の温度は体温の36・9℃近くを保っているでしょうし、机の方も、少し触れたくらいでは本体の温度20℃は変わりません。したがって、触れた時に起こることは、指の中と机本体の温度差によって熱が移動することで、指の中の方から、机の内部に向かって熱が移動します。その時、指先表面と机の表面のいずれにも、温度が徐々に変化する領域が生じます。この領域で温度が距離とともにどれくらい変わるかを「温度勾配」と言います。この領域での熱の移動の速さは、熱伝導率と温度勾配の積で与えられます。

木製の机と金属の鉄製の机に指先で触れてみよう

熱伝導率

同じ温度勾配があっても、物質によって熱の移動のしやすさは違います。それを表すのが、熱伝導率（単位はW／（m・K）いまはW／（m・℃）でかまいません）です。皮膚の熱伝導率は0・21、木材は0・11、鉄は49となります。値が大きい方が、熱が移動しやすいので、木材と鉄を比べると、圧倒的に鉄の方が熱を移動させやすいと言えます。指の中と机本体の温度差はいずれの場合も同じなので、熱を移動させる駆動力は同じです。そして自然現象には、できるだけ早く温度差をなくそうとする性質があります。そのためにできるだけ早く、多くの熱を移動させたいのです。

一口メモ

ある物質の熱伝導率とは、その物質でできた厚さ1mの板の両端に1℃の温度差がある時、その板の1m^2を通して、1秒間に流れる熱量である。熱伝導率が大きい方がより熱を伝えやすい。

鉄は木材の450倍も熱を伝えやすい。

いま鉄の方が熱を移動させやすいので、指先表面から鉄表面に熱が移動したら、鉄表面からは瞬く間に鉄内部に熱が移動します。そうなると、問題は指先の方で、指の中から指先表面まで、できるだけ早く熱を移動させた方がより多くの熱を移動させられます。

皮膚の熱伝導率は同じなので、指の中から指先表面までより早く熱を移動させるためには、指本体と指先表面の温度勾配を大きくすれば良いことになります。これはつまり、指先表面の温度を下げることになります。簡単に計算してみると、20℃の鉄に触れている場合の指先表面の温度はほとんど20℃に近く、木製机の場合は30℃くらいになります。その指先表面の温度を温点や冷点が感じるので、鉄製の机に触れた方が冷たいと感じるというわけです。実際に、鉄製の机に触れた方が、指先表面の温度は低いですし（ほとんど机の温度！）、指の中から机に移動する（奪われる）熱も鉄製の机の方が多いのです。これが鉄製の机を触るとヒヤッと冷たく感じる理由です。

私たちは温度の感知が苦手

このように触れる対象が同じ温度であっても、私たちが感じる温かさや冷たさは、対象とする物質の熱の移動のしやすさ、すなわち熱伝導率に依存します。物質が異なって、特に熱伝導率の差が大きいともうお手上げなのです。

熱伝導率の大きい物質として20℃の時、銀（420）、銅（390）、金（300）が知られています。少し小さくなってアルミニウム（200）、鋳鉄（49）、もっと小さくなるとガラス（1）、水（0.6）があります。乾燥した木材（0.11）、乾燥した空気（0.02）などはきわめて少量の熱しか移動させません。

コーヒーブレイク

ガラスと木材を触ると、ガラスの方がより冷たく感じます。これは熱伝導率の差よりも指とガラスがよく密着するためです。木材の場合、指との間に熱を伝えにくい空気をたくさん含むので冷たく感じないのです。

机を指先で触ってみると

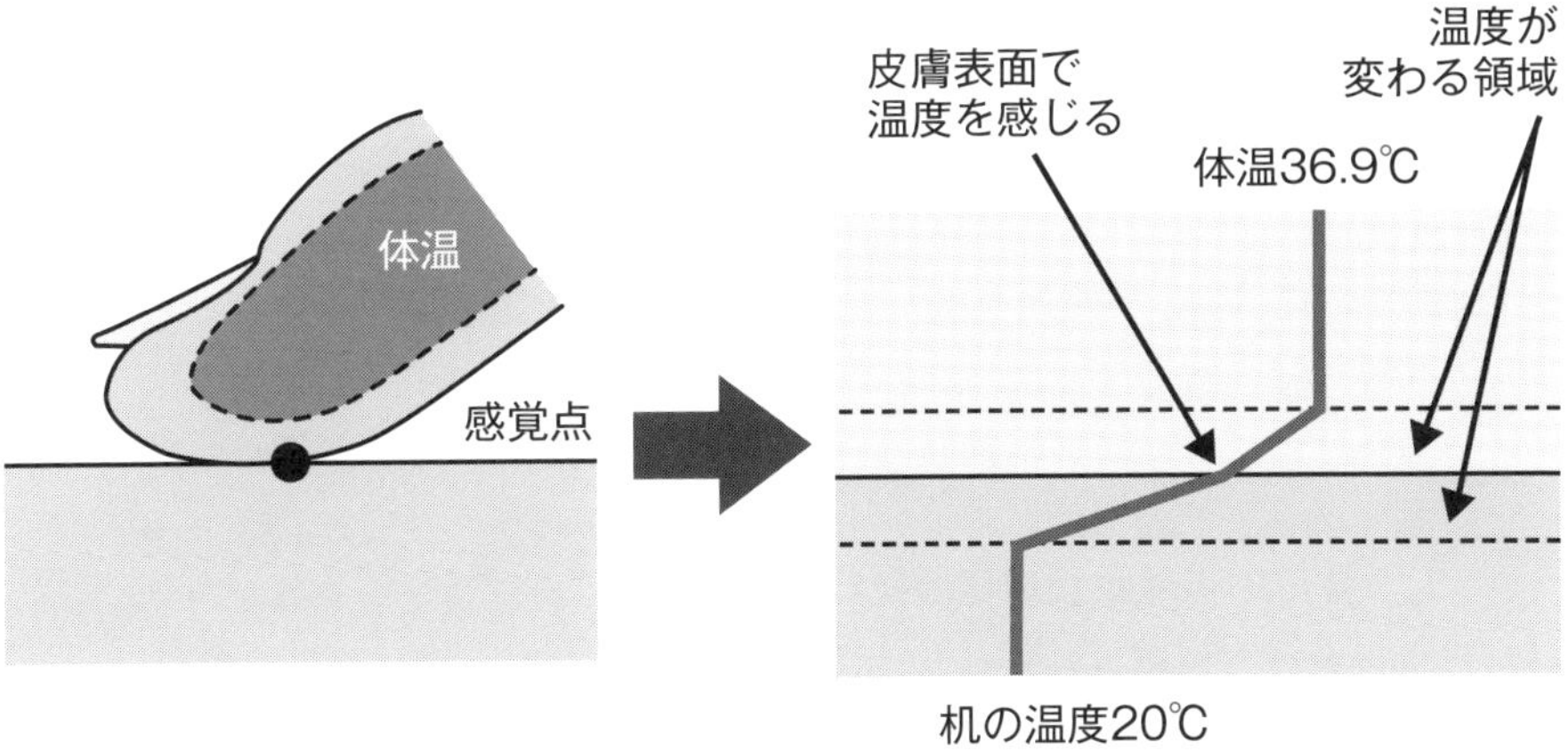

机は同じ温度なのに、指先表面の温度は違う

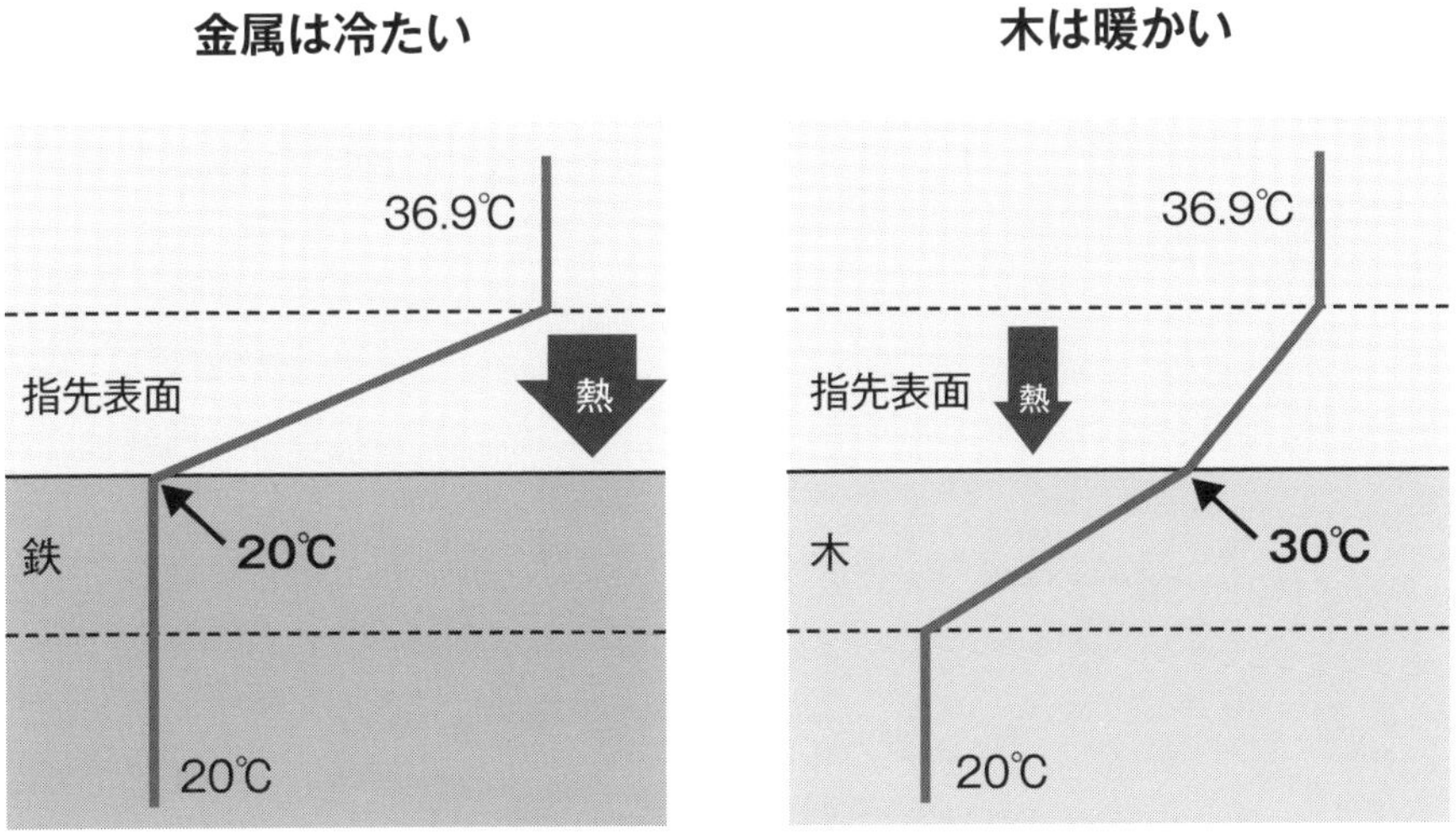

（参考） http://chemeng.coocan.jp/ice/pche01.html

Column

新しい熱力学温度の定義（その1）

熱力学温度（「絶対温度」とも呼ばれる）の定義も、時代とともに変わっています。1889 年の第 1 回国際度量衡総会では、水素気体温度計を用いて、1 気圧の元での水の氷点（水に空気が溶けた状態での水が凍る温度）および沸点に対して温度値を 0℃および 100℃として、その間は気体の状態方程式に基づいて百分割するという温度目盛が承認されました。初期のトムソンの考え方に忠実ですが、水の氷点と沸点を百等分するという、摂氏温度の影響を色濃く受け継いでいました。その後、1967 年の国際度量衡会議において、熱力学温度の単位ケルビン (K) は、「水の三重点の熱力学温度の 1/273.16 倍である」と定義され直しました。こちらの方が、再現性良く厳密に実現可能だったからで、原理的にはまったく等価です。

そして 2019 年 5 月 20 日から、熱力学温度の定義が一新されることになりました。新しい定義は次の通りです。

「ケルビン（K）は熱力学温度の単位である。その大きさは、単位 $s^{-2}\cdot m^2\cdot kg\ K^{-1}$（$J\cdot K^{-1}$ に等しい）による表現で、ボルツマン定数 k_B の数値を 1.380649×10^{-23} と定めることによって設定される」。

正直、これを読んでも何が何だかわかりませんね。そもそもこれまでの熱力学温度と同じなの、違うのというところからして疑問です。本文で取り上げられなかったので、コラムで、この新しい定義について取り上げていきたいと思っています。

まず、熱力学温度の定義が変わることによって、私たちの生活が影響を受けるかというと、ほとんど影響はありません。これまでと同じ温度計を使って、これまでと同じように温度測定ができます。

第2章

温度って何だろう?
～熱の特性

13 続けて仕事を取り出したい

目的とする距離を移動するには

私たちは、それなりに続けて物体を移動させる、すなわち、続けて仕事を取り出したいことが多いです。電車、車も永久に動く必要はありませんが、目的とする距離は移動しないと役に立ちません。

さて、仕事を取り出すには、どのようにすればよかったでしょうか？ 答えはすでに11節の（11.5）式で与えられています。

$$E_{系、後} - E_{系、前} = Q + W \quad (11.5)$$

燃料の燃焼に伴う内部エネルギーの変化だけを考えると

$$U_{系、後} - U_{系、前} = Q + W \quad (13.1)$$

さらに仕事を取り出す場合は、$-W$で正になるので、

$$-W = (U_{系、前} - U_{系、後}) + Q \quad (13.2)$$

としてみると、$U_{系、前} - U_{系、後} > 0$か$Q > 0$であれば良いことがわかります。$U_{系、前} - U_{系、後} > 0$は対象の内部エネルギーが減ることを意味しています。つまり、内部エネルギーの減少分を、外部に仕事として取り出すわけです。

いったん熱に変えている

蒸気機関車やガソリン車は、それぞれ石炭やガソリンを車体に詰め込んで、それを空気中の酸素と反応させて燃焼させることにより、物質としての内部エネルギーを減少させ、それを利用して仕事にしています。蒸気機関車とガソリン車に共通なことは、石炭やガソリンの内部エネルギーの減少分を、燃やすことによって、いったん熱に変えていることです。つまり、

$$U_{燃料、後} - U_{燃料、前} = Q \quad (13.3)$$

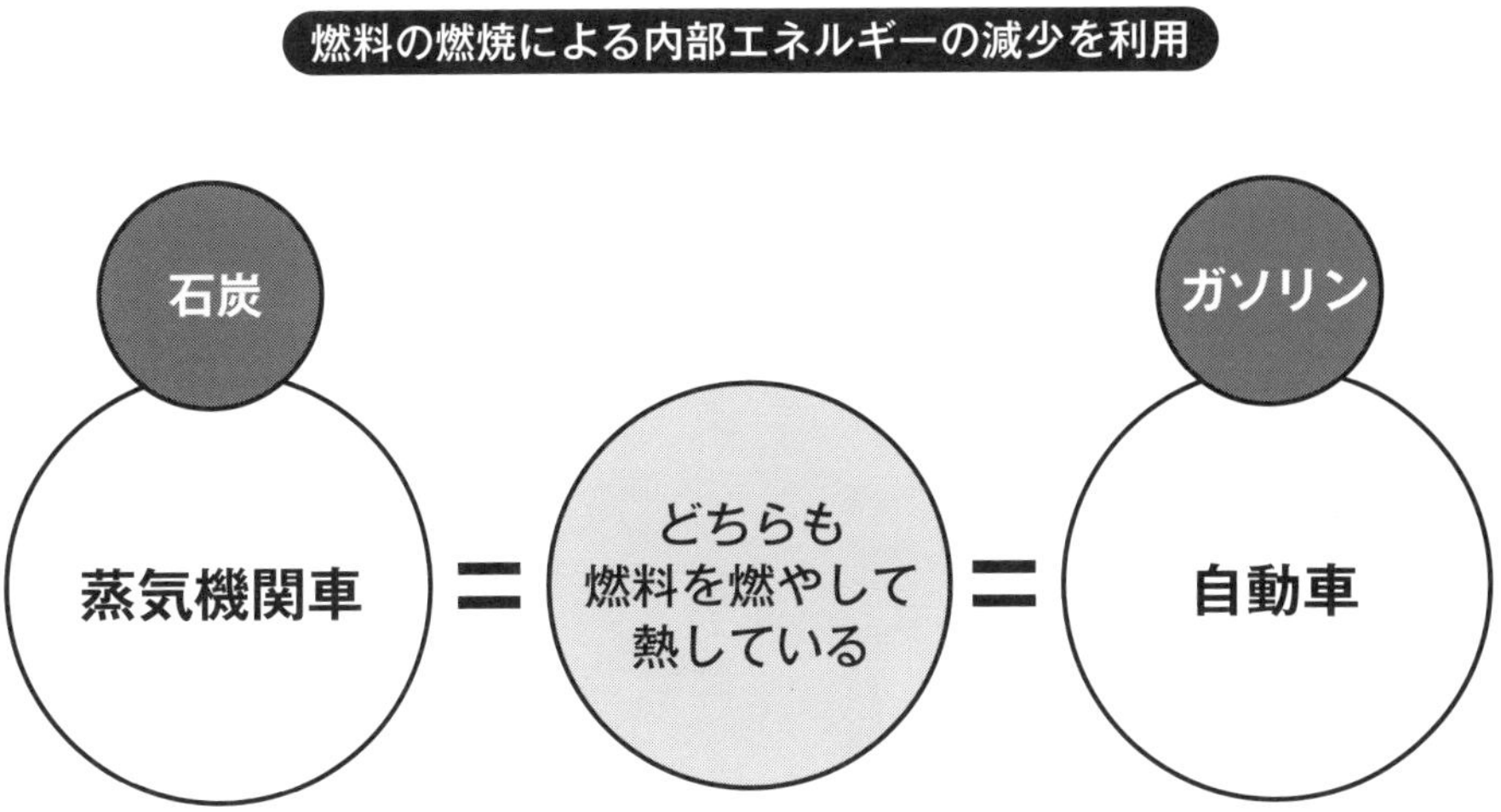

化石燃料の内部エネルギーの減少分→熱→仕事

そしてその熱を利用して、仕事に変えているのです。11節で述べたように、内部に気体を閉じ込めた、動くピストンの付いたシリンダを使って、ある温度で外からシリンダ内の気体を加熱すると、気体は膨張します。それに伴って、ピストンが外の物体に力を加えて動かすことができます。つまり、気体は外から熱をもらって、外に仕事をしたのです。これは $Q = -W$ と表されますが、もらった熱がすべて仕事に変わっています。

便利な$P-V$図〜仕事を面積で表そう

どれだけ仕事を取り出したかを、図で表しておきましょう。そのために縦軸に気体の圧力、横軸に気体の体積をとった$P-V$図を使います。

一口メモ

仕事を続けて取り出すためには燃料を続けて燃やし、内部エネルギーを減少させ続ければ良い。ただし、燃やしているのでいったん熱になっていることに注意しよう。

物質としては原子や分子の大きさやその間に働く分子間力がほとんどないと考えて、気体としての理想の状態をモデルにした理想気体を考えます。原理的なことを考えるには理想気体が便利で、そして十分です。ある温度の時、理想気体の圧力と体積は反比例の関係になります。これを理想気体のボイルの法則と言います。P－V図では反比例の曲線が、ある温度でのボイルの関係を図示したものです。温度を変えたら、この曲線も変わります。温度が高い方が同じ体積であればより圧力が高くなるので、温度が高い反比例の曲線は、右上の方に移動します。

いま温度T、圧力P_1、体積V_1の状態1から、その温度で熱をもらって膨張して、圧力P_2、体積V_2の状態2に変化したとしましょう。この時、圧力と体積変化の積が仕事になるので、P－V図の斜線の部分の面積が仕事に相当します。体積が増える（膨張する）場合に、気体が外にした仕事を表し、体積が減る（圧縮される）場合に、外部から気体にした仕事になります。

11節で記したように、理想気体の内部エネルギーは温度のみで決まる性質があります。そのため、同じ温度での状態1から2への体積膨張において、内部エネルギーの変化はありません。同じ温度での変化を「等温変化」と呼びますが、等温変化においてはP－V図で表される体積仕事はそっくりそのまま外とやり取りする熱量も表すことになります。

さて、気体の膨張によって熱を仕事に変えたのはよいのですが、果たしてそれで終わりでよいのでしょうか？　いま気体は膨張して仕事をしましたが、ずっと膨張し続けることはできません。つまりシリンダの大きさ以上に膨張はできないので、そこで止まってしまうことになります。とても目的とする距離を移動するほど仕事を取り出せそうにありません。

コーヒーブレイク

続けて仕事を取り出すのは、鉱山においては生死にかかわる一大事でした。鉱石をドンドン深いところへ掘って行くと大量の湧水が出てきます。その湧水を素早く汲み上げないと掘り進めることはできません。ドンドン水を捨てる、それは続けて仕事をすることだったのです。

理想気体のボイルの法則

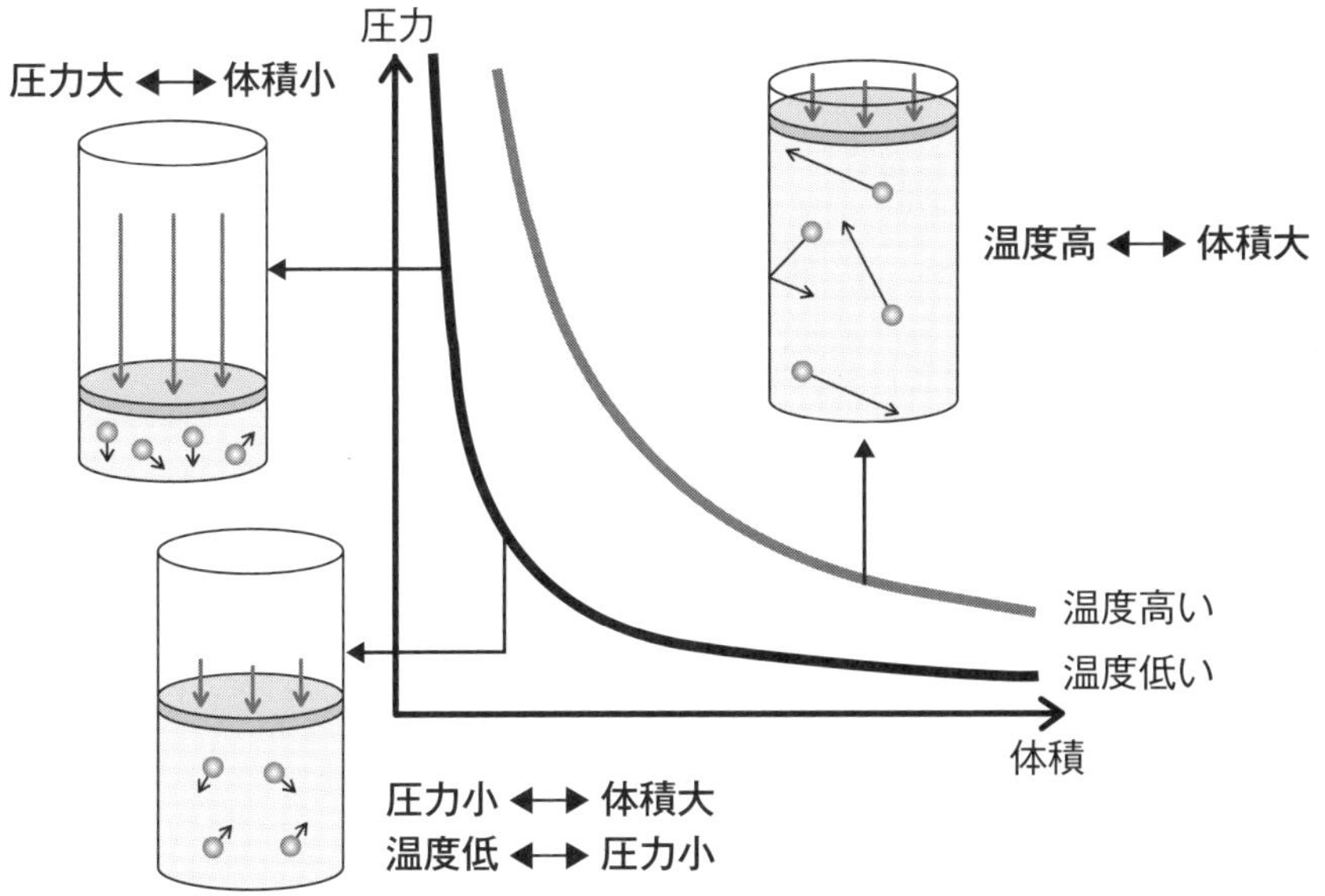

便利な P－V 図

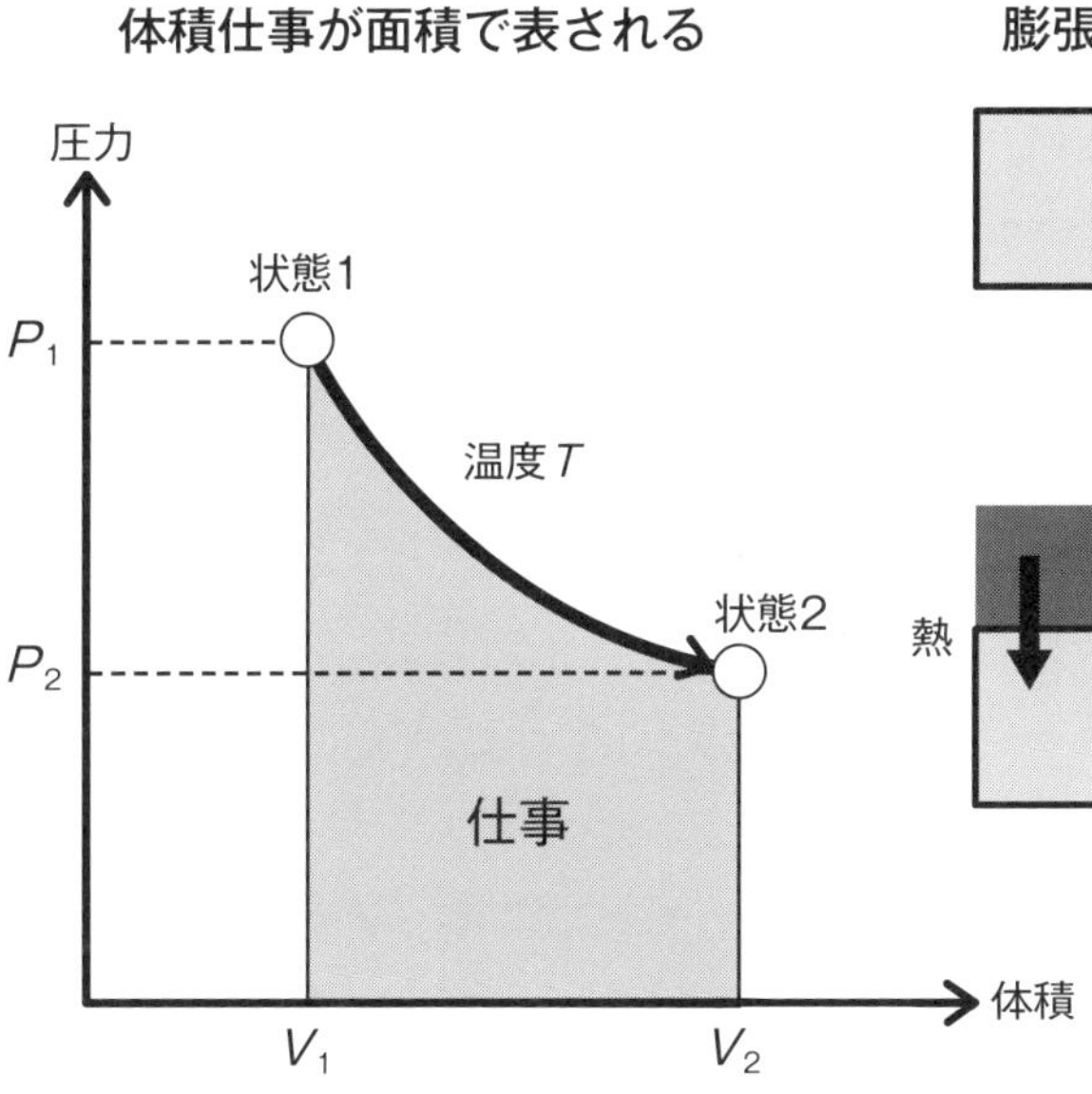

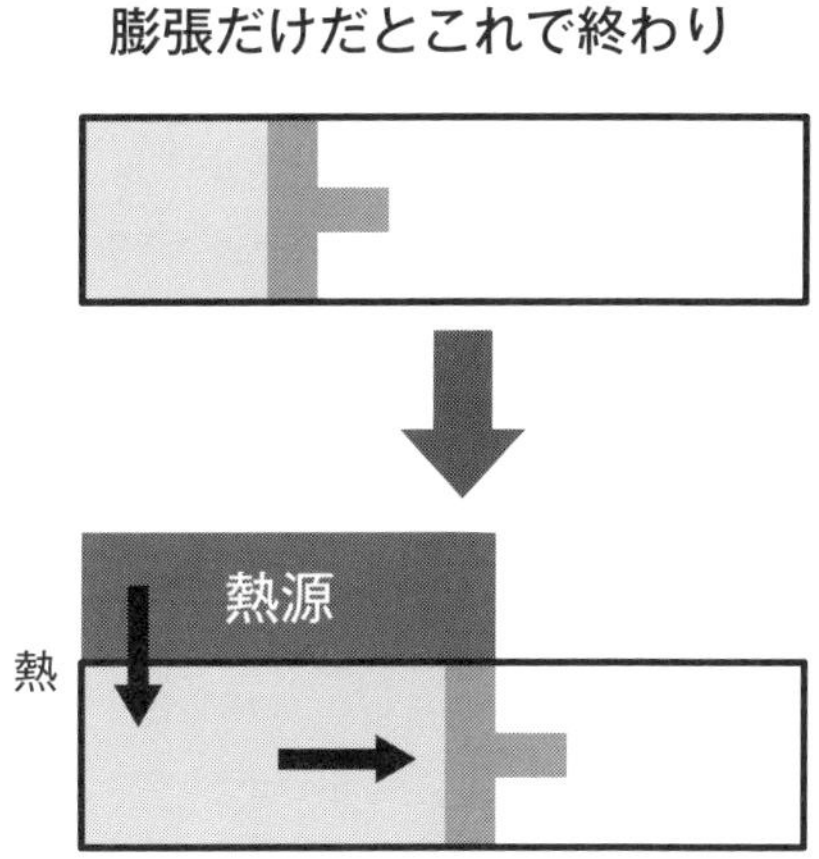

14 サイクルを使おう

1つの温度では行ったり来たりするだけ

継続的に物体を移動させる、すなわち継続的に熱を仕事に変えるには、どのような工夫をすれば良いのでしょうか。ずっと膨張し続けることはできないので、状態2で表される膨張の後に圧縮して、気体を元の状態1に戻すことになります。気体を圧縮するには外から仕事をする必要があります。圧縮してもとの状態1に戻す時に、膨張のときに取り出した仕事よりも少ない仕事ですめば、取り出した仕事と与えた仕事の差分を正味の仕事として取り出すことができそうです。しかし状態1から状態2に温度Tで膨張させて、その温度のまま状態2から状態1に圧縮したら、取り出した仕事と与えた仕事が同じになってしまい正味の仕事がゼロになってしまいます。状態が行ったり来たりしているだけです。

ぐるっと回って元に戻る～それがサイクル

そこで状態2から、いったん温度を下げて、温度$T_{高}$よりも低い温度$T_{低}$にしてから、圧縮してみましょう。まずは、体積は変化させずに、状態2から熱を取り出して温度を$T_{低}$に下げておいて（これを状態2'とします）、温度T_2で、体積が状態1と同じになる状態1'まで圧縮します。温度$T_{低}$で状態2'から状態1'に圧縮した場合には、P–V図で面積を見ていただければ明らかなように、外から気体に与えた仕事は少なくてすみます。それは温度が低いと圧力が小さいので、同じ体積変化をしても必要な仕事が少なくてすむからです。

行ったり来たりでは正味の仕事を取り出せない

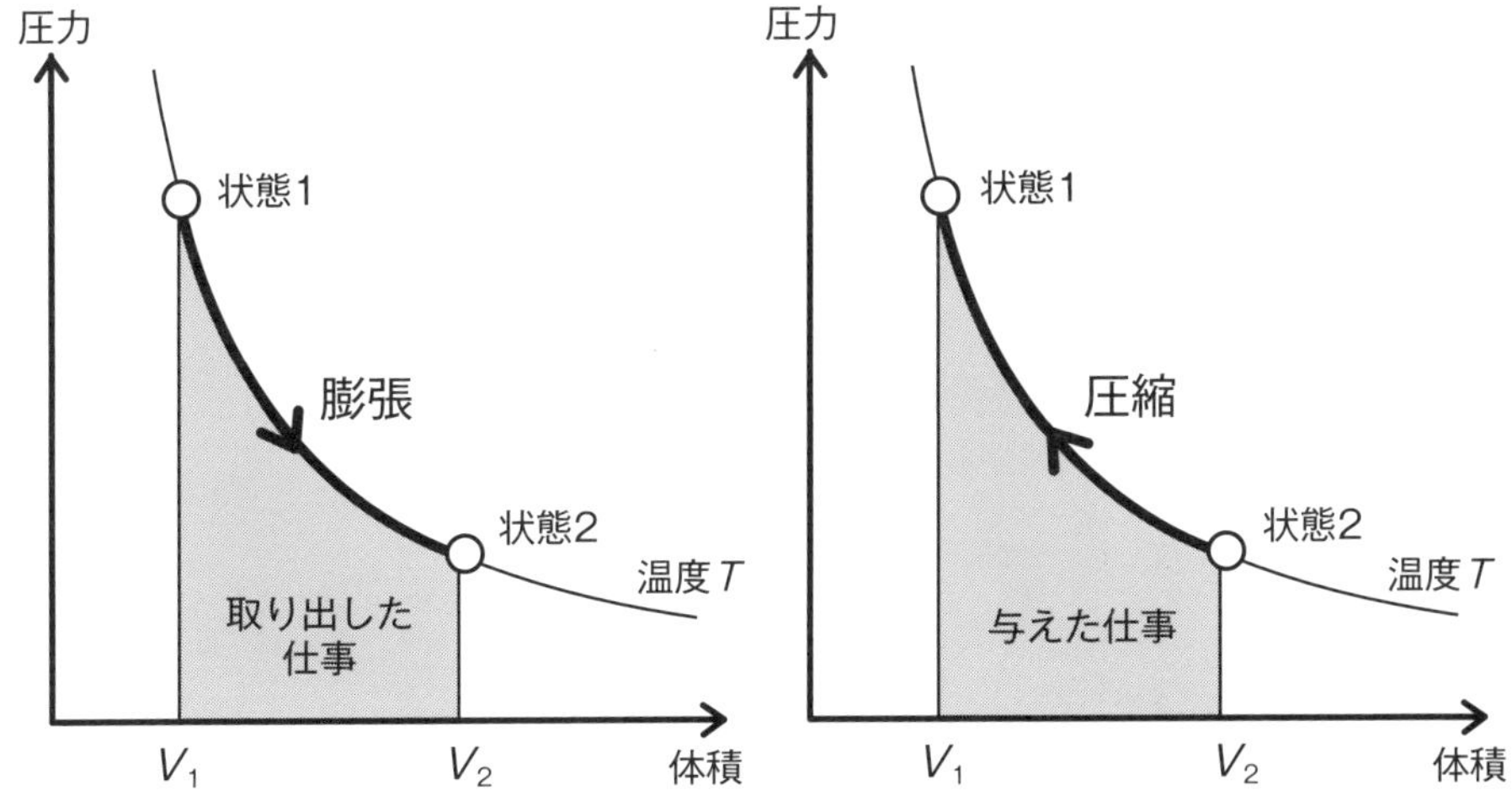

膨張で取り出した仕事と圧縮で与えた仕事は等しい

そのあとで熱を加えて状態1'を状態1に戻せば良いのです。

これで状態1→（温度$T_{高}$での膨張）→状態2→（体積V_2での温度低下）→状態2'→（$T_{低}$での圧縮）→状態1'→（体積V_1での温度上昇）→状態1に戻りました。行ったり来たりではなくて、ぐるっと回って元に戻すので、このような過程をサイクルと呼びます。

サイクルでの正味の仕事

このサイクルで気体が外にした正味の仕事は、状態1から2への膨張において取り出した仕事と、状態2'から1'への圧縮において気体に加えた仕事の差になります。これはP－V図では、それぞれの過程で、面積

一口メモ

気体の性質をうまく使えば、サイクルによって正味の熱を体積仕事に換えて気体の状態はまったく元に戻すことが可能になる。ポイントは高温で熱を仕事に変えて、低温で熱を捨てる（仕事を加えて圧縮する）ことにある。

で表される仕事の差になるので、$P-V$図では簡単に図示できることがわかるでしょう。これが$P-V$図を用いる理由です。

さて、重要なのは1サイクル行った時に、熱がどれだけ仕事に変換されたかということでした。それを考えるには、状態2→（体積V_2での温度低下）→状態2'と状態1'→（体積V_1での温度上昇）→状態1という、温度を変える際に出し入れしている熱量を知る必要があるように思えます。これらの変化は体積一定なので、体積仕事のやり取りはしないが、外と熱とのやり取りはしています。

しかしここで、サイクルで考えているメリットが出てきます。状態1から始めてぐるっと回ってサイクルでまた状態1に戻ってくれば、気体はまったくもとの状態に戻ります。つまり変化の途中で気体の内部エネルギーが変わっても、元の状態に戻ってくれば、内部エネルギーも必ずもとに戻っているので、サイクルで考える場合には、常に

$$Q_{サイクル} = -W_{サイクル} \quad (14.1)$$

で考えて良いのです。

ということは、$P-V$図で表される正味の仕事は、外から供給された正味の熱量と等しいことになります。「正味の」に注意してください。仕事の場合と同じで、気体に与えた熱量と気体から取り出した熱量の差が、正味の熱量です。

サイクルの重要な点は、気体はまったく元の状態に戻ることです。つまり1サイクルした後、変化は外にしか残っていません。そして、その外に燃料があり、動かしたい物体があるのです。気体を使うことによって、燃料の内部エネルギーの減少を継続的な仕事に変換することが可能になったのです。

コーヒーブレイク

仕事を続けて取り出すには、気体を圧縮するために低温に熱を捨てることが必要だということに気が付いたのはワットです。ワットは現実の蒸気機関の改良を通して数々の重要な発見をしました。$P-V$図もワットが始めたといわれています。

サイクルで仕事を取り出すには

温度を低くしておいてから圧縮する

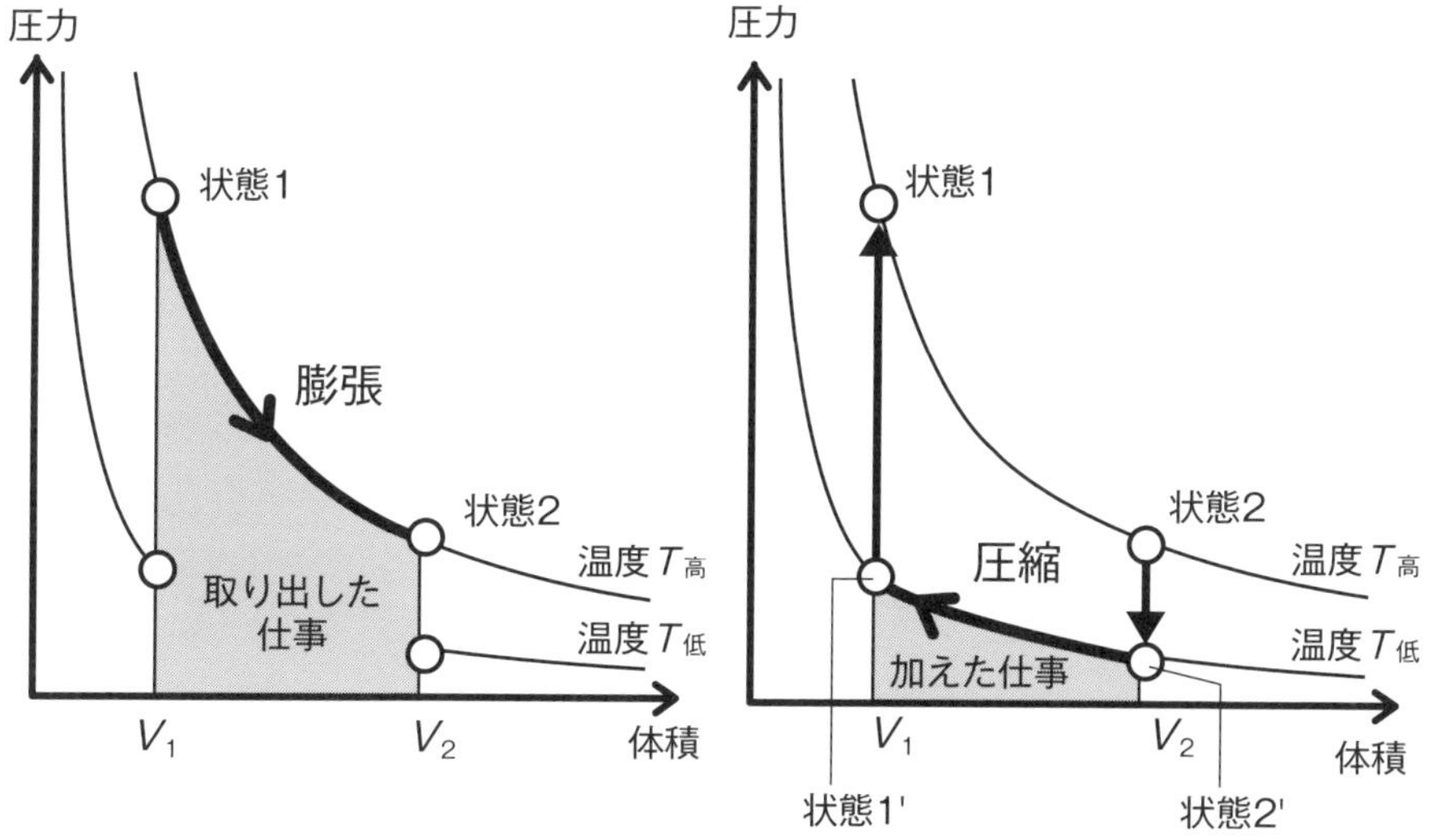

サイクルで得られる正味の仕事

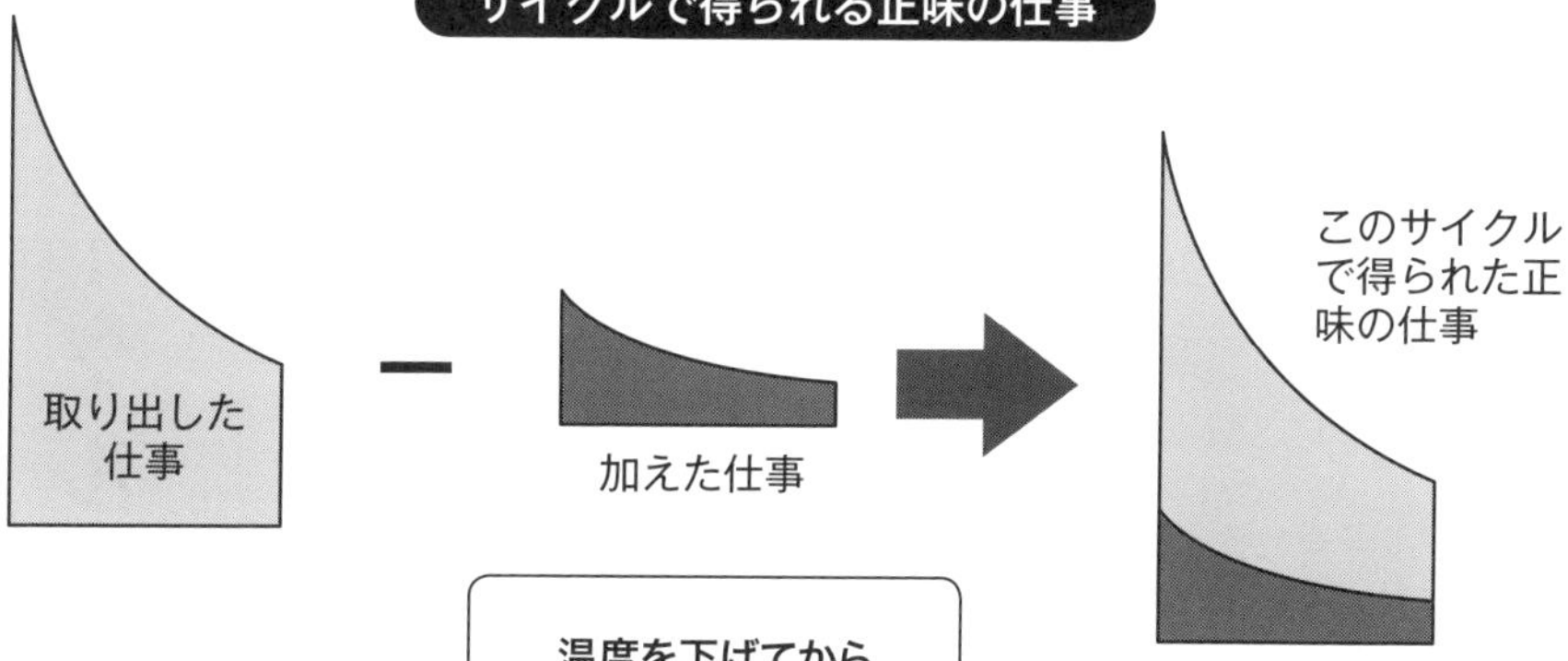

→正味の熱量に等しい

15 これが天才カルノーのサイクルだ

定積変化を断熱変化に変える

前節では、等温での膨張・圧縮変化と、体積一定での加熱と吸熱変化を組み合わせてサイクルを作りました。これでも良いのですが、フランスのカルノーは、19世紀はじめに、熱をどれくらい仕事に変えられるのか、つまり熱の仕事への変換効率を考える時に便利なサイクルを思いつきました。それは、前節での体積一定の変化を、熱を出入りさせない変化に置き換えたサイクルです。熱を出入りさせない変化を、断熱変化と呼びます。このとき体積は変化します。カルノーは、等温変化と断熱過程を組み合わせたサイクルを考えたのです。

体積一定での加熱と吸熱の変化は、仕事を取り出す時の温度と、仕事を加える時の温度を変えるためでした。P－V図ではまっすぐ縦の変化の方が簡単そうだったので、体積一定の変化を考えましたが、それでないといけないという理由はまったくありません。

私たちが知りたいのは、熱の仕事への変換効率です。等温変化と体積一定の変化の組み合わせでは、すべての変化で熱の出入りがあるので、ちょっと面倒です。しかも、体積一定の変化では、気体の温度がドンドン変わりながら、外と熱のやりとりをしているので、何度でどれだけの熱量をもらったかを定量的に議論するには不向きです。それに対して、断熱変化では、断熱変化に伴って体積仕事をするためP－V図では斜めになってややこしくなりそうですが、熱の立場から見ると、断熱変化での熱の出入りを考えなくて良いので、簡単になるのです。

定積変化を断熱変化に変えたカルノーサイクル

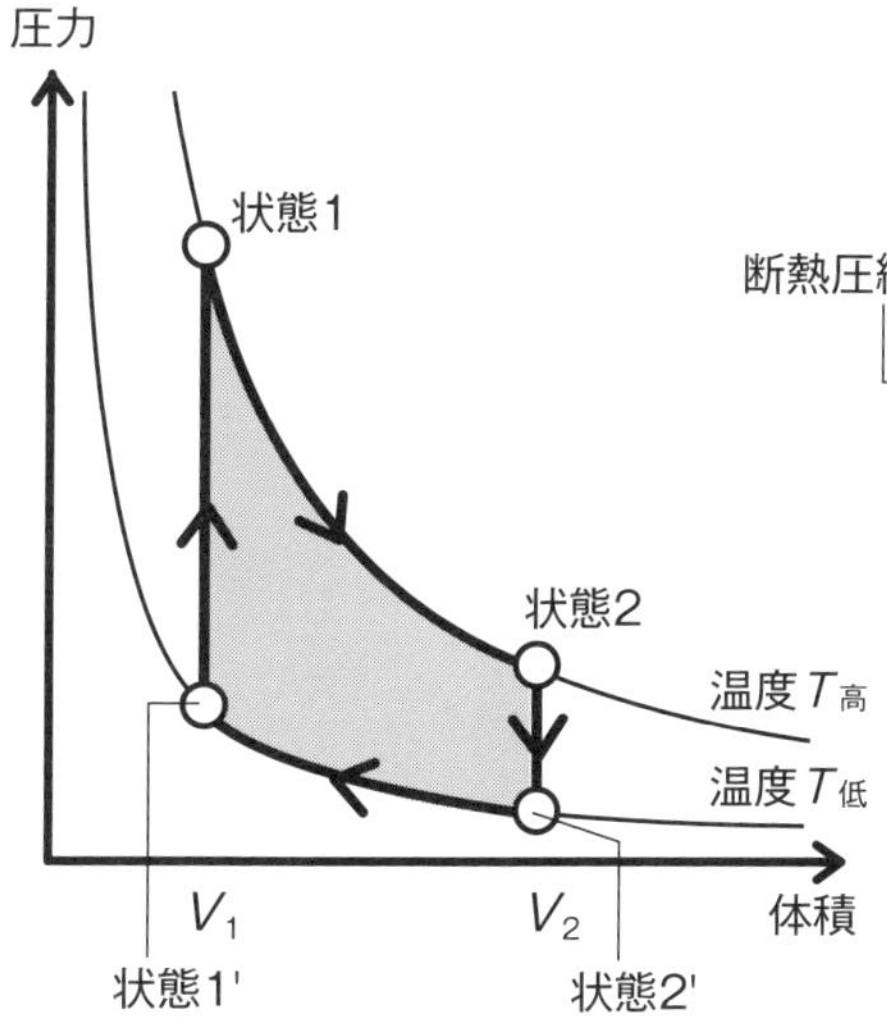

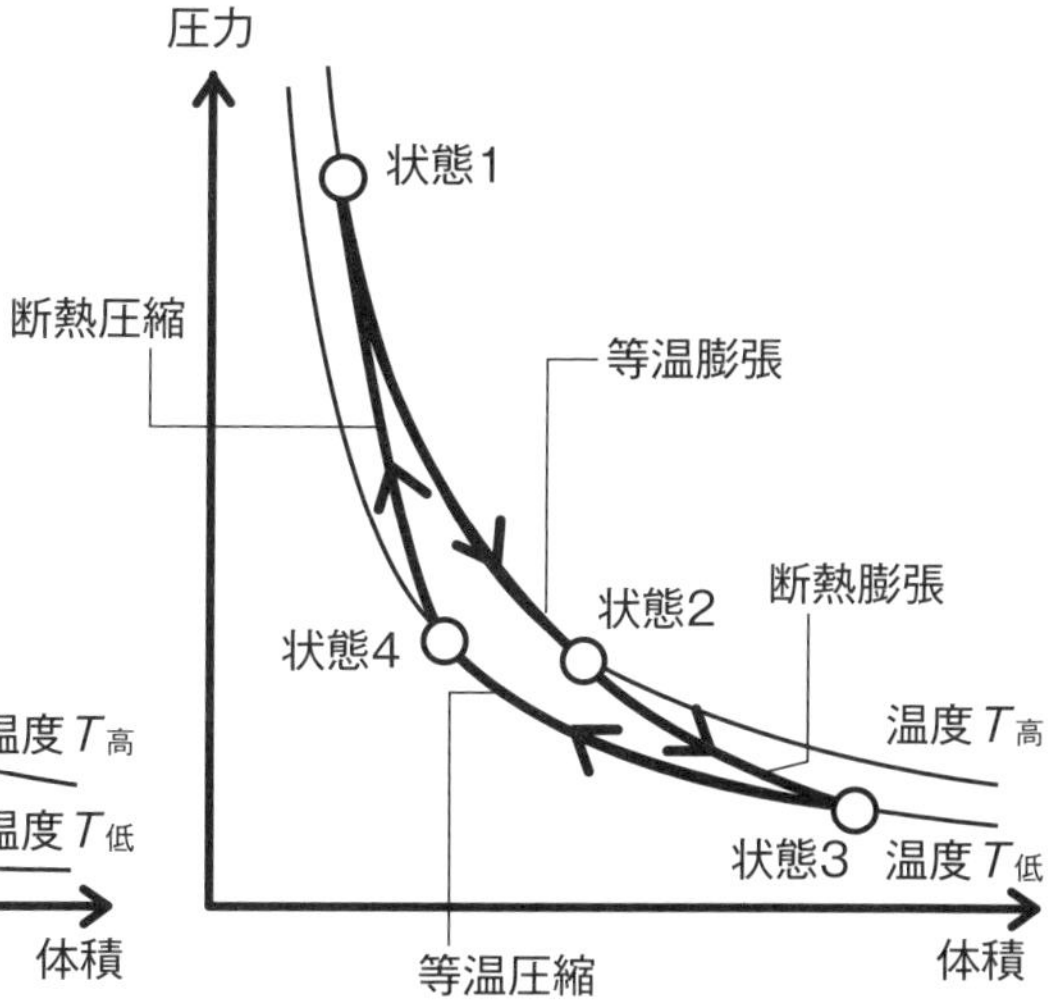

これがカルノーサイクルだ！

さて、改めてカルノーサイクルを説明しましょう。まず温度$T_{高}$の高い状態1からその温度で熱を加えて状態2まで膨張させます（等温膨張）。この時に気体は仕事をします。それはP－V図で、面積で表されます。

次に、状態2から断熱的に膨張させ、状態3にします（断熱膨張）。膨張するので、気体は外に仕事をすることになります。断熱なので、これを補うために熱を外から受け取ることはできないので、自分の内部エネルギーを減らしてそれを補うことになります。つまり、

一口メモ

等温変化と断熱変化からなるサイクル、すなわちカルノーサイクルこそ熱を継続的に仕事に変える、その理論変換効率を考えるのに必要不可欠だった。外との熱のやりとりが、等温変化のみになるので、効率の計算がしやすい。

$$U_{後}-U_{前}=W \quad (15.1)$$

となります。気体の内部エネルギーの変化は、気体の温度低下を引き起こします。つまり、気体を断熱的に膨張させれば、その温度が下がるわけです。状態3の温度を$T_{低}$としましょう。

さらに、この温度$T_{低}$で、気体を圧縮して状態4にします（等温圧縮）。この時は仕事を与えて、熱を取り出していきます。仕事は$P-V$図で、面積で表されています。

状態4から断熱的に圧縮して、元の状態1に戻します（断熱圧縮）。これは断熱膨張と逆ですが、断熱的に外から気体に仕事を与えると、気体の内部エネルギーが増加して、その結果、気体の温度が上がります。それがちょうどに$T_{高}$なるようにしてやれば良いのです。

断熱過程の仕事は考えなくてよい

この一連の等温膨張→断熱膨張→等温圧縮→断熱圧縮の過程を「カルノーサイクル」と言います。このサイクルの良いところは、外と熱のやりとりをしているのが、温度$T_{高}$での等温膨張と温度$T_{低}$での等温圧縮だけだという点です。取り出した正味の仕事を考える時に、断熱膨張と断熱圧縮の時の仕事の大小が気になるかもしれません。$P-V$図でみると、形が大きく異なるので、わかりにくいかもしれませんが、実は、この2つの仕事はぴったりと等しくなります。つまり、状態2→3の断熱膨張の時に気体が外にする仕事と、状態4→1の断熱圧縮の時に気体が受けとる仕事がまったく同じになるのです。したがって、サイクルで考えて、トータルとしてどれだけ熱が仕事に変わったかを考えるのであれば、断熱変化でやりとりした仕事はキャンセルされるので考慮しなくて良いのです。

コーヒーブレイク

カルノーは、まだエネルギーという考え方がなかった時代に、熱の仕事への変換効率を求め「カルノーサイクル」を考え出しました。しかし1832年、パリで流行したコレラに罹り、わずか36歳の若さで他界してしまいました。

これがカルノーサイクルだ

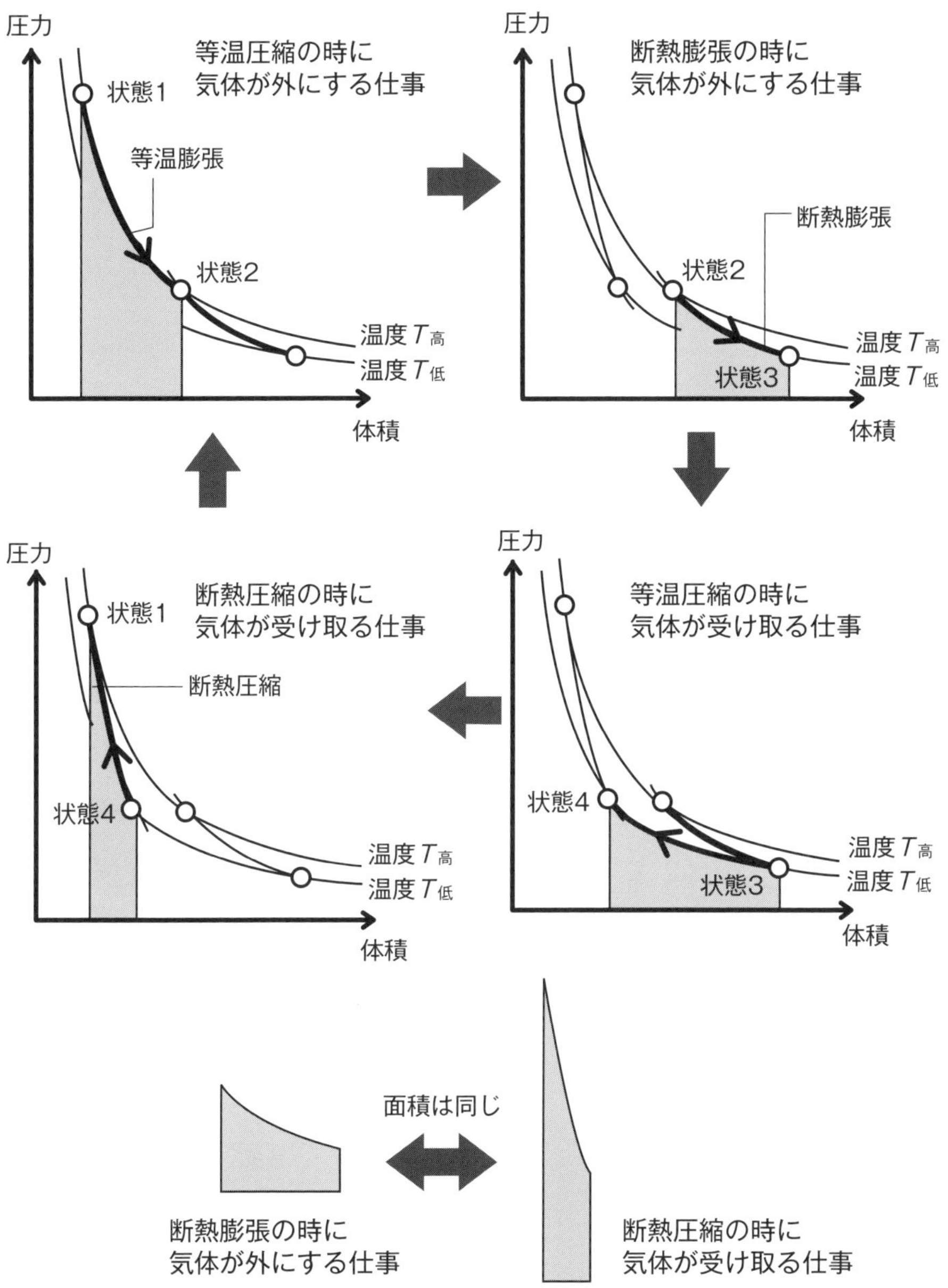

→断熱膨張と断熱圧縮の時の仕事は仕事はキャンセルされる

16 熱の仕事への変換効率〜ただしサイクル

なんとシンプルな！

カルノーサイクルで、気体が1サイクルの間に外にした正味の仕事は、P−V図で4つの変化を結んだ曲線で囲まれる面積になります。

一方、1サイクルで気体が受け取った熱量は、状態1から2への等温膨張の時の熱だけです。この時、気体が受けとった熱量がすべて仕事に変わっているので、このP−V図での面積が熱量と等しいとしてかまいません。

さて、サイクルの効率とは、もらった熱量のうち、どれだけ仕事として取り出せたか、つまり、次式で表されます。

（熱の仕事への変換効率η）＝（外にした仕事）÷（受け取った熱量）　(16.1)

ここで勘違いしてはいけないことがあります。エネルギー保存則はサイクルに対しても成り立つので、1サイクル回した時には次式が成立します。

$$U_{1サイクル後} - U_{1サイクル前} = W_{1サイクル} + Q_{1サイクル} \quad (16.2)$$

となりますが、気体の状態は元に戻るのではゼロ、すなわち

$$-W_{1サイクル} = Q_{1サイクル} \quad (16.3)$$

となり、正味として気体に与えた熱量はすべて、気体がした正味の仕事に変わっています。正味の量の変換に関しては、(16.3)式は、熱は100％仕事に変わることを示しています。

一方、効率η(16.1)式の分母は正味の熱量ではなく、受け取った熱量だけです。この時、その熱量分だけ外に仕事をしています。しかし、気体の状態をもとに戻すために、必ず圧縮過程があるので、その圧縮

カルノーサイクルで気体が外にした正味の仕事

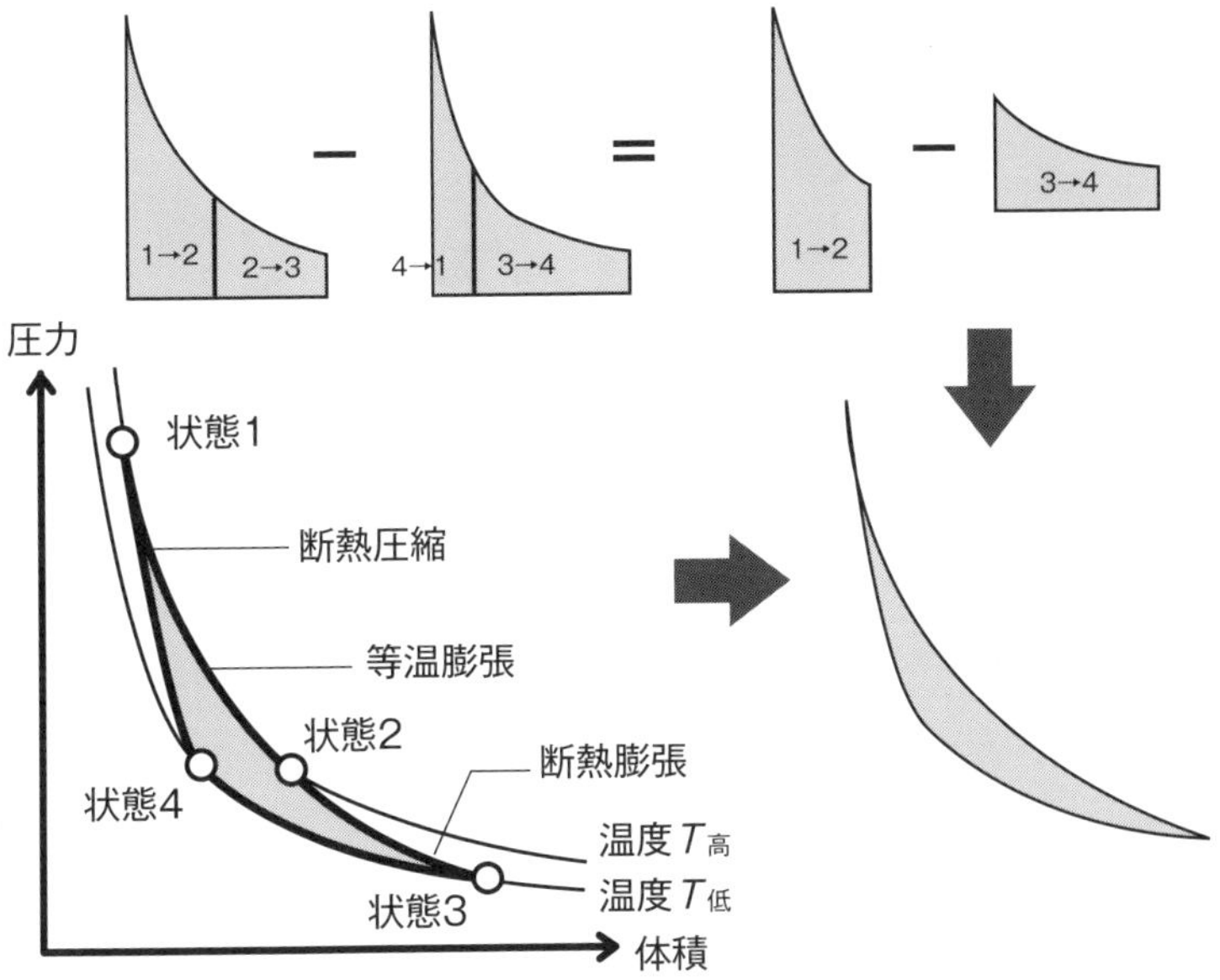

のために気体にする仕事がゼロではなくなります。ということは、その気体にした仕事分だけ、正味の仕事が減ることになります。つまり、どんなにがんばっても、効率は100%にはならないのです！

さて計算して、カルノーサイクルの効率ηを求めてみると、なんときわめて簡単な式が得られます。

$$\eta = \frac{T_{高} - T_{低}}{T_{高}} = \frac{（熱をもらう温度と捨てる温度の差）}{（熱をもらう温度）} \quad (16.4)$$

カルノーサイクルの効率（これを「カルノー効率」と呼びます）はどれだけ熱量を与えて外に仕事をしたかという量に関係なく熱をもらう温度と、もらう温度を捨てる温度の差だけで決まるのです。ただしこの温度は絶対温度Tと呼ばれるもので、単位はケルビンK

一口メモ

理想気体だ、サイクルだ、等温だ、定積だ、いや断熱だ! といろいろ議論してきたが、得られた結果はシンプルな(16.4)。つまり、これだけわかれば十分。

効率が絶対温度だけで表されることに注意。これが絶対温度の意味となる。

です。私たちがよく使っている摂氏をθ℃とすると、

$$T[\mathrm{K}] = \theta[℃] + 273.15 \qquad (16.5)$$

の関係があります。絶対温度は「熱力学温度」とも呼ばれます。

火力発電所の効率

現在の日本社会において燃料を燃やして、その熱を使って仕事をする、もっとも重要なものは、火力発電所でしょう。火力発電所では、ボイラで水に熱を与えて水蒸気にしてタービンを回して発電して電気的仕事を産み出し、復水器で水蒸気から熱を取り除いて水に戻しています。カルノーサイクルは理想気体で、火力発電所では水と水蒸気ですが、何を使って仕事を取り出すかにかかわらず、カルノー効率が理論的な上限を与えます。なぜかというと、自然現象はそうなっているからです。

いまたとえば、ボイラの温度を６００℃、復水器の温度を30℃とすると、それぞれ絶対温度では873.15 Kと303.15Kになるので、カルノー効率は

$$\eta = \frac{(873.15-303.15)}{873.15} = 0.65 \qquad (16.6)$$

つまりボイラで与えた熱の65%をタービンの仕事に変えて、発電できることがわかります。逆に言うと、これがボイラ温度６００℃、復水器温度30℃の発電装置の限界で、どんなに技術が進んでもこの65%を越えることはできません。

65%というと大きいように感じますが、たとえば発電するために海外から１００運んだ燃料の内、35は単に熱として捨てていて、65しか電気として取り出していないと言えます。しかも、理想的にはこの値が上限なので実際の平均効率は45%弱でしかありません。つまり火力発電所で燃やして生じる内部エネルギーの減少分の半分以上の55%を熱として捨てているのです。

コーヒーブレイク

わが国の火力発電所の平均発電効率は45%弱。効率を上げる努力は日々続けられています。中部電力の西名古屋発電所の平均発電効率は、2018年に63.08%に到達し、発電効率世界一（当時）を達成しました。

カルノーサイクルの効率

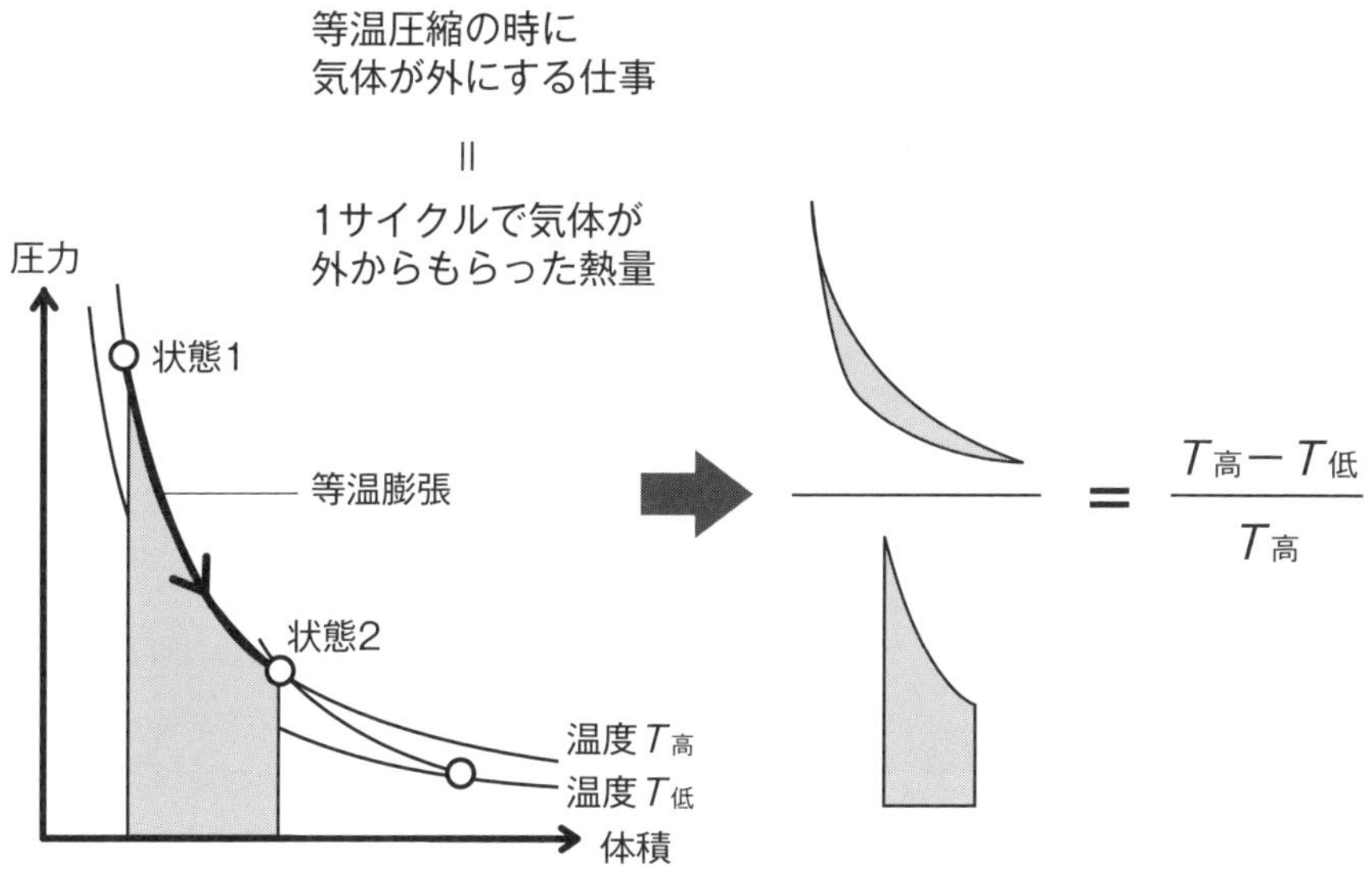

ボイラーの理論効率

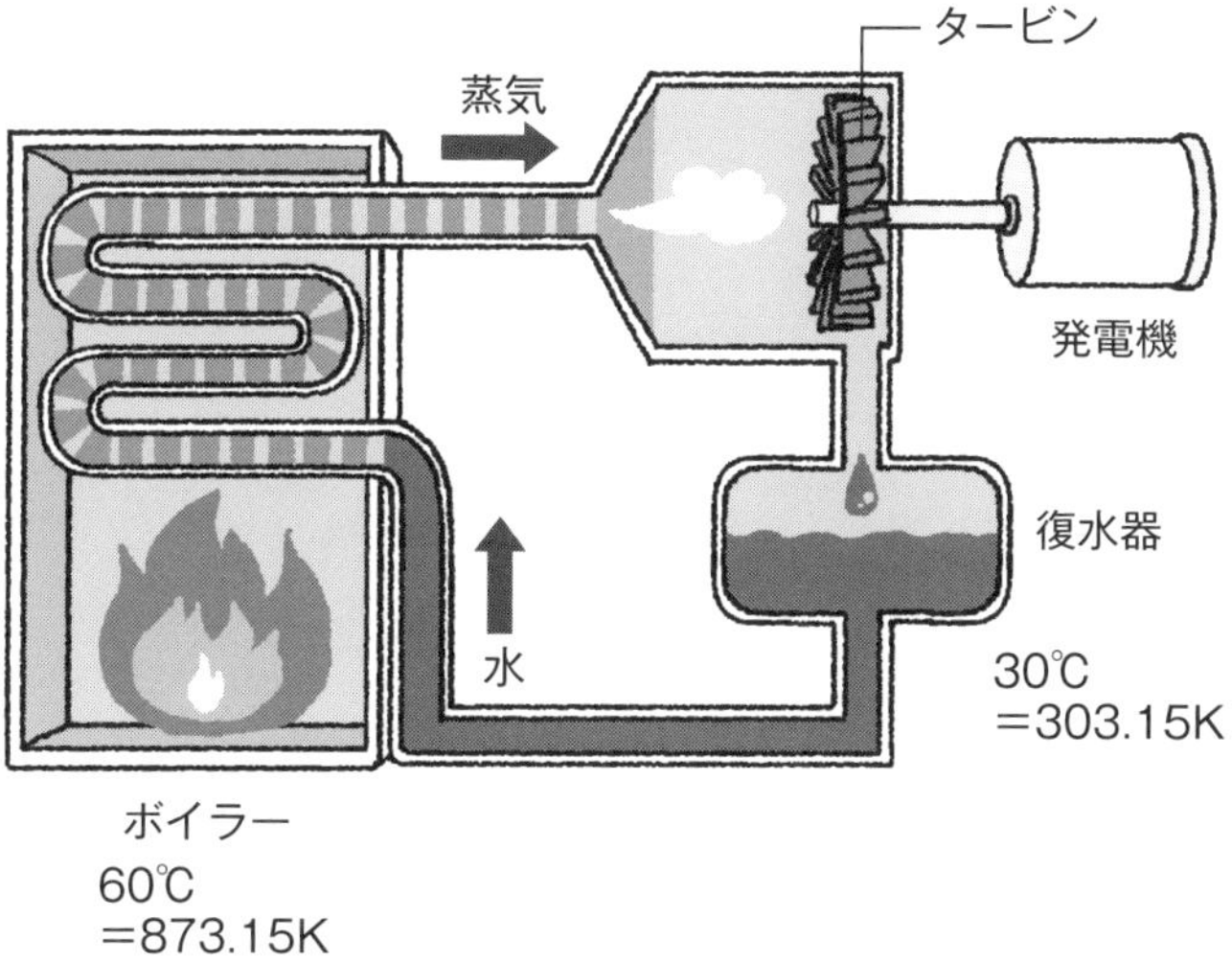

$$\eta = \frac{(873.15-303.15)}{873.15} = 0.65$$

17 熱の価値は温度で決まる

温度が高い方が価値が高い

カルノー効率は、自然現象に潜んでいる重要な性質を示しています。それは、熱の価値は、量にあるのではなく、その熱が存在する温度にあることを明らかにしたことです。

カルノー効率を見ると、熱をもらう温度と捨てる温度の差が大きければ大きいほど、効率は高くなることがわかります。たとえば、熱を捨てる温度が同じ場合、熱をもらう温度が高ければ高いほど、効率は上がります。つまり、同じ熱量でもより温度の高い状態で仕事にかえた方が、よりたくさんの仕事が取り出せるのです。

熱からより多く仕事を取り出せた方が、熱としての価値は高いと言えます。こう考えると、温度は、ある熱量からどれだけ仕事が取り出せるかという指標としての役割を果たしていると言えないでしょうか。言い換えると、温度とは、熱の価値を表す指標になりうるということです。

また重要なことは、このカルノー効率は理論的な上限を与え、理想気体を使わなくても、またどんなに技術が進歩しても、この効率を超えることはできないということです。時々、なぜカルノー効率が上限で、それを超えられない理由がわからないと言われますが、もともとカルノーサイクルがもっともムダなく熱から仕事を取り出せるように設定されているのです。

絶対温度を求めて

トムソン（のちのケルビン卿）は、カルノー効率を元に、1854年に絶対温度を定義しました。当時、温度は摂氏で測られることが多く、大気圧下での水の

カルノー効率は熱をもらう温度とともに上昇する

$$\eta = \frac{T_{高} - T_{低}}{T_{高}} = \frac{（熱をもらう温度と捨てる温度の差）}{（熱をもらう温度）}$$

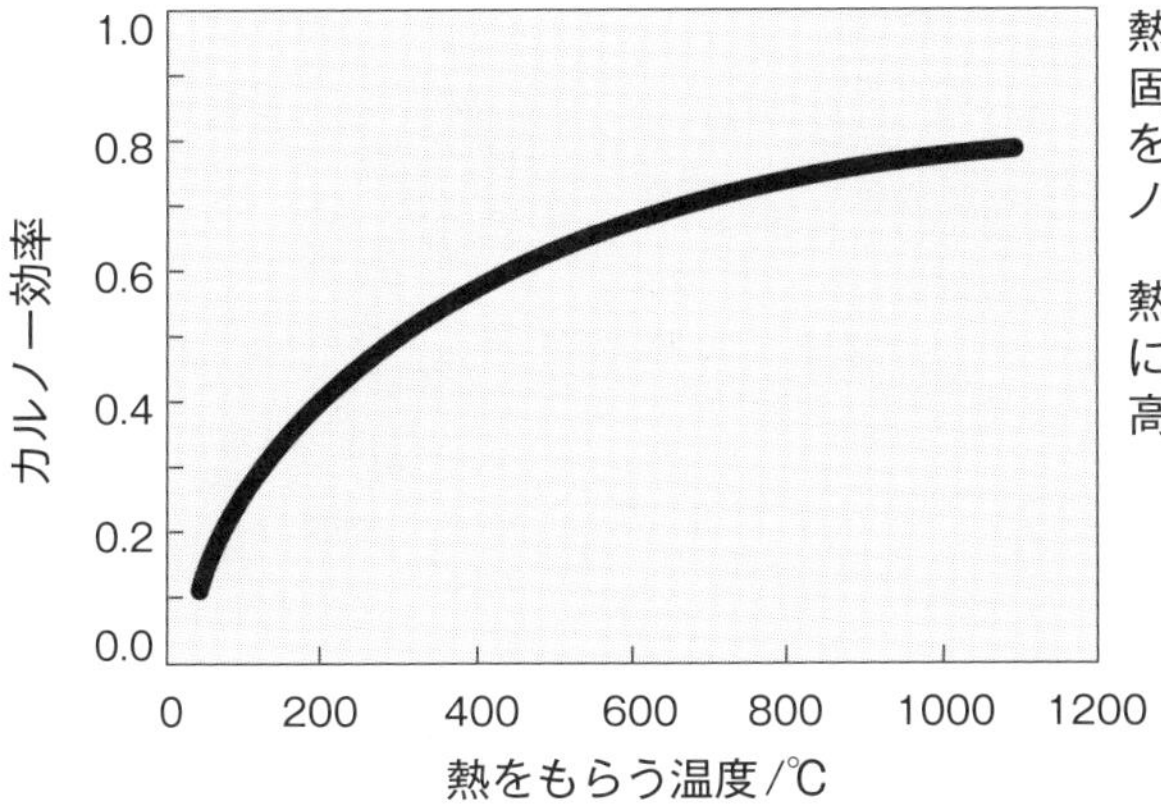

熱を捨てる温度を15℃に固定し、熱をもらう温度を変化させた場合のカルノー効率

熱をもらう温度が高くなるにつれてカルノー効率も高くなる

融点を０℃、水の沸点を１００℃としていました。しかし、その原理的な根拠はどこにもありません。トムソンは長さや時間などの他の物理量と同じように、基準のゼロと単位量を作りたいと考えていました。

そこでトムソンが注目したのが、カルノーサイクルでした。トムソンはカルノー効率が、熱を受け取るモノによらない、熱を仕事に変える際の普遍的な関係を示していると考えました。そしてその効率を与える指標として、温度を定義しようと考えたのです。

水の沸点と融点でカルノーサイクルを動かす

地表の大気圧、すなわち1気圧における水の融点を

一口メモ

カルノー効率によって物質に依存しない温度の尺度が決められると見抜いたトムソンは、さすが慧眼。絶対温度の単位に名前を残すのに、ふさわしい業績である。

$\theta_{融}$、沸点を$\theta_{沸}$と表して、$\theta_{沸}$で熱を受け取り、$\theta_{融}$で熱を捨てて、その差を仕事として取り出すカルノーサイクルを考えましょう。今は$\theta_{沸}$と$\theta_{融}$を数値のない記号として使っています。カルノー効率は

$$\eta = \frac{T_{高} - T_{低}}{T_{高}} = \frac{（熱をもらう温度と捨てる温度の差）}{（熱をもらう温度）} \quad (16.4)$$

で与えられるので、今の場合、

$$\eta = \frac{\theta_{沸} - \theta_{融}}{\theta_{沸}} \quad (17.1)$$

と表されます。

沸点と融点が慣用的に何度で表されていたとしても、1気圧のもとで、水の沸点と融点は一意的に決まってしまいます。水だけに限らず、ある純物質の沸点や融点のように、二つの相が共存する場合（沸点は気相と液相、融点は液相と固相）、圧力が決まると、一意的に温度が決まってしまうのです。

その間でのカルノーサイクルを考えることができます。実際にカルノー効率を求めてみると0・268となります。この効率は、1気圧のもとでの水の沸点と融点を使ったカルノーサイクルであれば、地球上のどんな場所に行っても、地球外でも、それこそ宇宙の果てに行っても変わりません。（17.1）式より、

$$\eta = \frac{\theta_{沸} - \theta_{融}}{\theta_{沸}} = 0.268 \quad (17.2)$$

となります。それまで使っていた摂氏の

$\theta_{融}=0℃$、$\theta_{沸点}=100℃$

という値ではηは1になってしまい、0・268になりません。つまり、摂氏温度は、経験的には便利かもしれないのですが、熱から仕事への変換効率を与える指標としての温度単位としては適していなかったのです。もっともそれは当たり前で、熱の仕事への変換効率などまったく知らない状況で、原理的な根拠なく目盛を付けたからです。

コーヒーブレイク

摂氏温度は原理的な根拠がないとけなしてきましたが、温度も私たち人間が長い期間を要して育んできた文化の体系の1つです。そんなに簡単に絶対温度に変わらないし、変える必要もないでしょう。310ケルビンだから熱がありそうと言われてもねぇ〜。

カルノー効率を用いて絶対温度を定義する

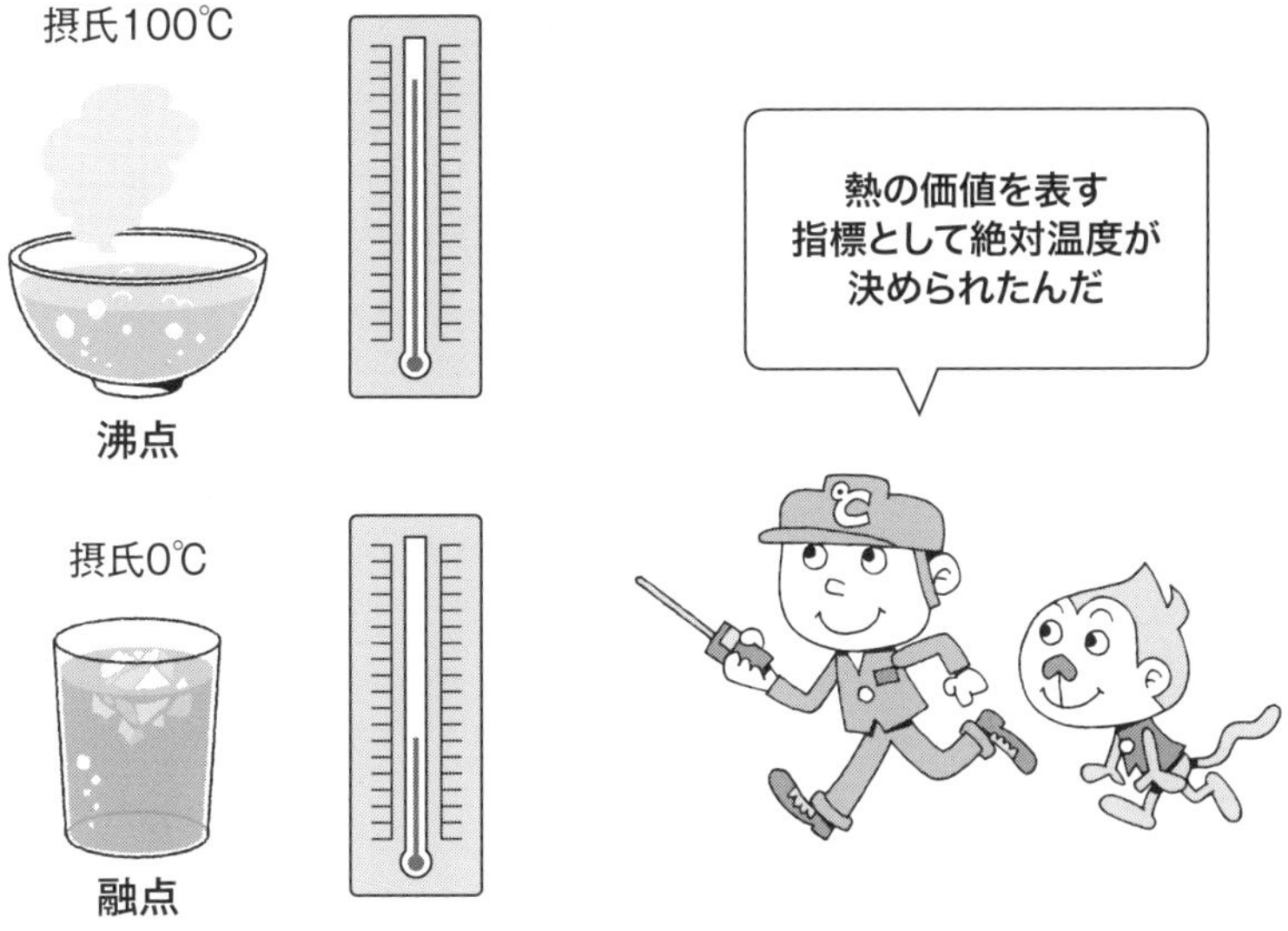

どこで測っても効率は同じ

1気圧のもとでの水の沸点と融点
を使ったカルノーサイクル

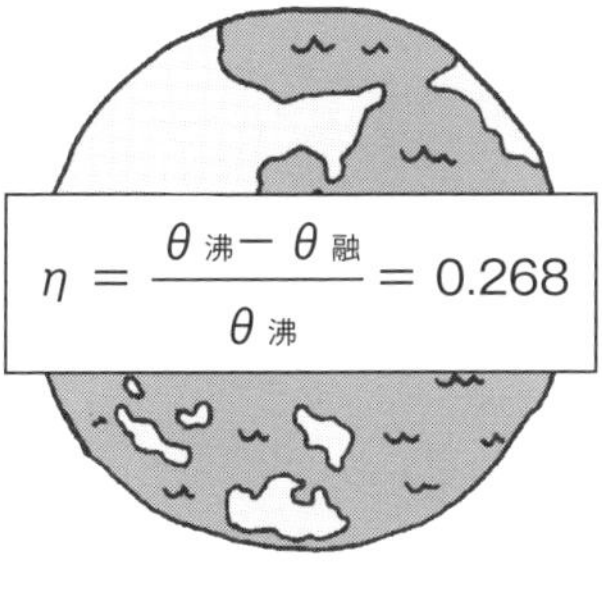

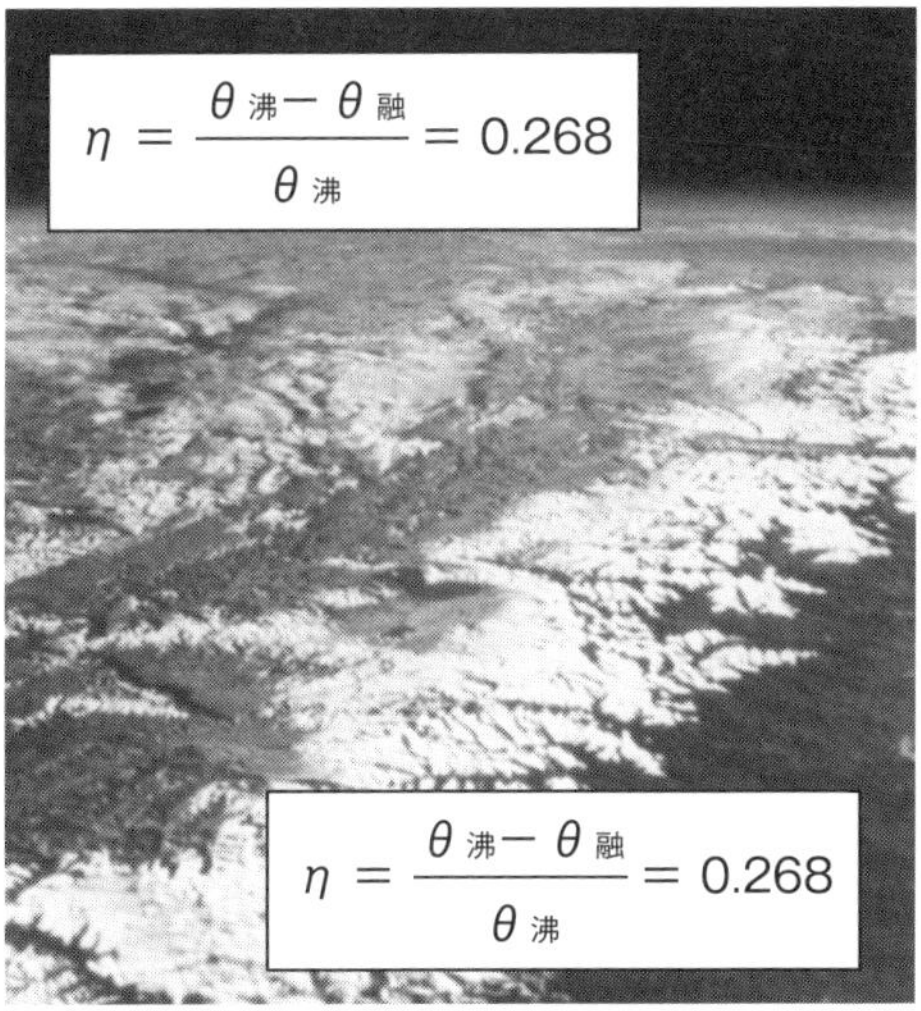

18 絶対温度はこうして決めた

必要なのはゼロと単位量

さて、大気圧のもとでの、水の沸点と融点の間で作動するカルノーサイクルの効率は次式で与えられました。

$$\eta = \frac{\theta_{沸} - \theta_{融}}{\theta_{沸}} = 0.268 \qquad (17.2)$$

摂氏ではこの効率が与えられないこともわかりました。それなら（17.2）式を満たす温度単位をつければ良いのですが、これがまた困ったことに熱をもらう温度と捨てる温度と、温度が2つあるので、その組み合わせは無限にあります。

ところで、温度の絶対値を決めるには、具体的に何を決めたら良いのでしょうか。絶対的な基準を作るには、基準のゼロを決めることと、単位量が必要です。たとえば、長さはメートルで与えられますが、長さ0は長さがない状態で、単位量1メートルの長さは「1秒の299792458分の1の時間に光が真空中を伝わる行程の長さ」と定義されています。これで長さという物理量が明確に定義できたわけです。絶対的な基準ではありますが、何を持って1メートルとするかは、われわれが他の物理量や法則と齟齬がないように決めれば良いので、われわれ人間が決めた勝手な尺度でしかありません。メートルも、そもそもは地球の北極から赤道までの子午線の1千万分の1を1メートルに決めたのですから、かなり大雑把だったのです。

摂氏の単位温度だけ使う

さて、（17.2）式に基づいて温度の絶対的な基準を作るためには、まずは単位量を決めることが必要です。この単位量は長さの場合と同様に、（17.2）式を満た

絶対温度を決めるには

他の物理量の定義

・単位長さ（1メートル）
1/2億9972万2458秒間に光が真空中を進む長さ
・単位時間（1秒）
セシウム133原子の基底状態の2つの超微細構造準位の間の遷移に対応する放射の周期の91億9263万1770倍の継続時間

すように、われわれが勝手に決めれば良いのですが、それまで使っていた温度単位、すなわち摂氏とまったく違っても不便です。摂氏温度は（17.2）式を満たさないことはわかりましたが、せめて単位温度は摂氏に合わせた方が良いとトムソンは考えたのでした。

そこで、経験的に決められた摂氏での$\theta_{\text{沸}}$と$\theta_{\text{融}}$の間の温度差を用いることとして、

$$\theta_{\text{沸}}-\theta_{\text{融}}=100 \qquad (18.1)$$

とすることにしました。これで、摂氏単位の1℃と絶対温度の単位温度は等しくなることになりました。

（17.2）式に$\theta_{\text{沸}}-\theta_{\text{融}}=100$を代入して$\theta_{\text{沸}}$を出すと

$$\theta_{\text{沸}}=\frac{\theta_{\text{沸}}-\theta_{\text{融}}}{0.268}=\frac{100}{0.268}=373$$

一口メモ

しばしば摂氏1℃と絶対温度の1Kがなぜ等しいのか不思議に感じる人がいるが、そもそも1℃に一致するように1Kを決めたのだ。1Kを0.5℃にしても10℃にしてもよかったのだが、混乱するので等しくしたのである。

となります。さらに、$\theta_{融} = \theta_{沸} - 100 = 373 - 100 = 273$ となります。この新しい温度の単位をケルビン［K］として、絶対温度と呼んでθではなくTで表すこととしました。つまり1気圧のもとでの、水の沸点$\theta_{沸}$を３７３K、水の融点$\theta_{融}$を２７３Kとすれば、単位温度は摂氏と同じままで絶対温度が定義できることになります。

摂氏θ℃と絶対温度TKの関係を正確に表すと

$$T〔K〕= Q〔℃〕+ 273.15 \qquad (18.2)$$

となります。そして摂氏－273.15℃が、絶対温度0Kになります。

熱の仕事への変換を定量的に表す指標

ちなみに、水の沸点と融点の間の温度差を１００とすることも任意なので、水の融点を経験温度の０とすることにして、たとえば、温度差を50とした時は$\theta_{沸}=187$、$\theta_{融}=137$となり、２００とした時は$\theta_{沸}=746$、$\theta_{融}=546$となります。しかしいずれの単位温度を採用しても、水の沸点と融点で作動させたカルノーサイクルの効率は0.268となります。

$$\eta = \frac{\theta_{沸} - \theta_{融}}{\theta_{沸}} = \frac{373-273}{373} = \frac{187-137}{187} = \frac{746-546}{746} = 0.268$$

そして、絶対零度は共通となるので、どれも同等です。水の沸点と融点の間の温度差を１００としたのは、それまでとはまったく異なる単位にしても意味がないし、ほかに根拠もないので、単にできるだけ混乱を避けたかったという理由だけです。

いずれにしても、絶対温度は、熱の仕事への変換を定量的に表す指標という物理的意味があります。より高い温度でやり取りされる熱の方が、より多くの仕事が取り出せて 価値が高いのです。

コーヒーブレイク

カルノー効率さえ満たせば良いので、皆さんも好きに単位を付けることができます。水の融点と沸点を50等分して、沸点を「187イシハラ」、融点を「137イシハラ」と定義してもかまいません。もっとも誰も使ってくれないでしょうが。

水の融点と沸点を100等分した

いろんな絶対温度が定義できる

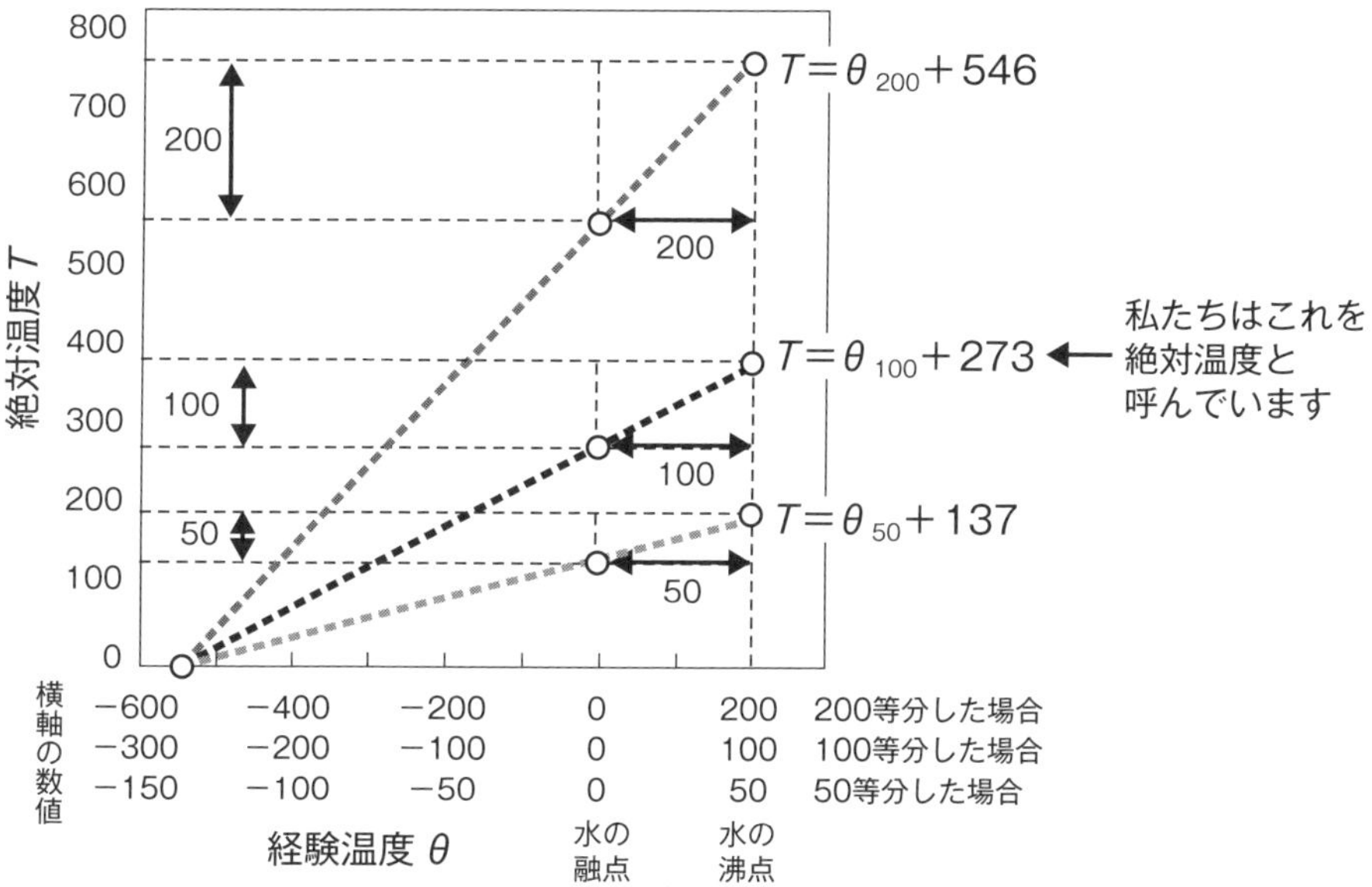

19 いくら熱がたくさんあっても…

低い温度に大量の熱～お風呂

カルノー効率によれば、熱の価値は、その熱が存在する温度によって決まります。逆に言うと、熱が、いくら大量にあっても、その温度が低ければ、ほとんど仕事にならないということなのです。

身近な例で考えてみましょう。私たち日本人はほぼ毎日お風呂に入ります。お風呂に入るために、水を温めてお湯にします。温めるためには、都市ガスやプロパンガスを燃やす給湯器を使います。オール電化の家でも、そこで使っている電気は、火力発電所から届くので、大元は化石燃料を燃やしているのと変わりません。つまり、燃料を燃焼させて、燃料の内部エネルギーを減少させ、それに伴って発生する熱（反応熱！）を利用して、浴槽の水に熱（顕熱！）を与えて、水の内部エネルギーを増加させて温度を上げているのです。

お風呂を沸かすのにタンカー

いま200リットルの15℃の水を40℃に上げるために必要な熱量を求めてみましょう。水の比熱は4.18 J/（g·℃）で、比重を1g/mL（=1000 g/L）として、200［L］×1000［g/L］×4.18［J/(g·℃)］×(40－15)［℃］＝20900000［J］＝21［MJ（メガジュール）メガは10^6乗］

となります。

住宅の浴室保有率は95・5％なのでほぼ100％としましょう。また日本の住宅数は6千万戸なので、毎日200Lの水を温めてお湯にしてお風呂に入るとすると、日本で一日あたり1.3×10^9 MJ、1年間で

お風呂を沸かす

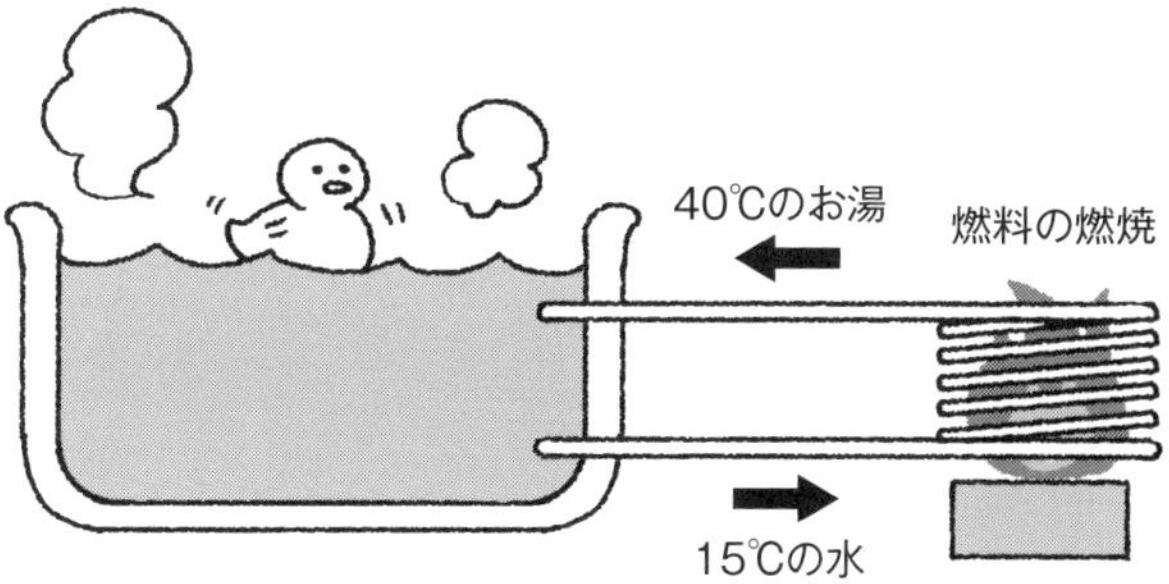

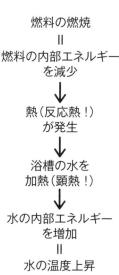

燃料の燃焼
＝
燃料の内部エネルギーを減少
↓
熱（反応熱！）が発生
↓
浴槽の水を加熱（顕熱！）
↓
水の内部エネルギーを増加
＝
水の温度上昇

4.6×10^{11} MJの熱を使っていることになります。石油の標準発熱量は42 MJ／kgなので、日本で一日あたり3万トン、1年で11百万トンの石油を使ってお風呂に入っていることになります。30万トンの石油タンカー1隻だと10日分、1年間分を運ぶには36隻必要ということになります。すごい量の石油を使用して、私たちは毎日、お風呂に入っているわけです。

40℃→15℃は8％が上限

お湯は、最後は捨ててしまいます。40℃のお湯を捨てて、15℃に下げる時には、水はもとの状態に戻っています。したがって、その時に一家庭では毎日21 MJの熱を外に捨てています。日本全体では、一年間で4.6

一口メモ

いったん温度の低い熱に変えてしまうと、一気に価値が下がって仕事への変換効率が激減する。できるだけ高温から始めて仕事を取り出しながら、徐々に低温に熱を捨てていくのが良い。これを「熱のカスケード利用」と呼ぶ。

$\times 10^{11}$ MJの熱を、言い換えると30万トンの石油タンカー36隻分の石油の持っている内部エネルギーを捨てていることになります。もったいないですね。

そこで、40℃のお湯で気体を温めて、15℃の水で冷やすカルノーサイクルを作ったとして、どれだけ仕事を取り出せるか、その効率を求めてみましょう。40℃と15℃は、絶対温度ではそれぞれ、313.15Kと288.15Kになるので、カルノー効率ηは

$$\eta = \frac{313.15-288.15}{313.15} = 0.08$$

となります。わずか8％です。これが理論的な上限です。毎日家庭では21MJの熱を捨てているのですが、これから取り出しうる仕事は1・7MJになります。これは1200Wのドライヤーを23分動かすだけのエネルギーにすぎません。

大元の石油や天然ガスなどの化石燃料は大きなエネルギーを持っている（燃焼によって取り出せる内部エネルギーの減少量が大きい）のですが、それを15℃の水を40℃のお湯に変えるために使ってしまったので、結局はわずか8％しか仕事に変えられなくなってしまったのです。これを、40℃の熱に変えてしまったので、熱の価値が下がったという言い方をします。

でもたとえ8％でも、日本全体で考えると、膨大な量になります。しかしその8％を回収するために、多くのエネルギーを使って装置を作ると、そっちの方がもったいないので回収しないのです。

もし、お風呂のお湯を沸かす分の石油を使って650℃のボイラを動かして発電したとしたら、カルノー効率は70％弱にもなります。いったんお風呂の40℃のお湯にした時の約8倍以上もの電気を取り出せることになります。各家庭での入浴を半分にするだけでも大きな省エネ効果に繋がりそうですね。

コーヒーブレイク

お風呂もシャワーも必要だし、料理にも熱だけが必要です。私たちは、エネルギー変換効率だけを考えて生活しているわけではありません。ただ、エネルギーのムダ使いには注意したいですね。

お風呂を沸かすのに大量の化石燃料を使っている

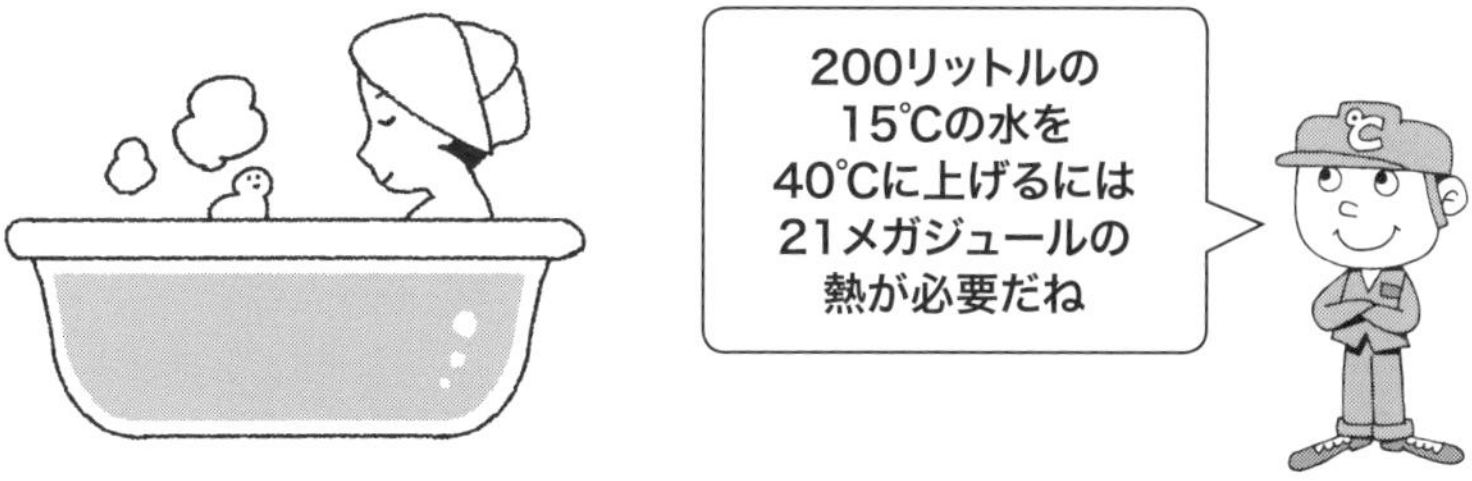
200リットルの
15℃の水を
40℃に上げるには
21メガジュールの
熱が必要だね

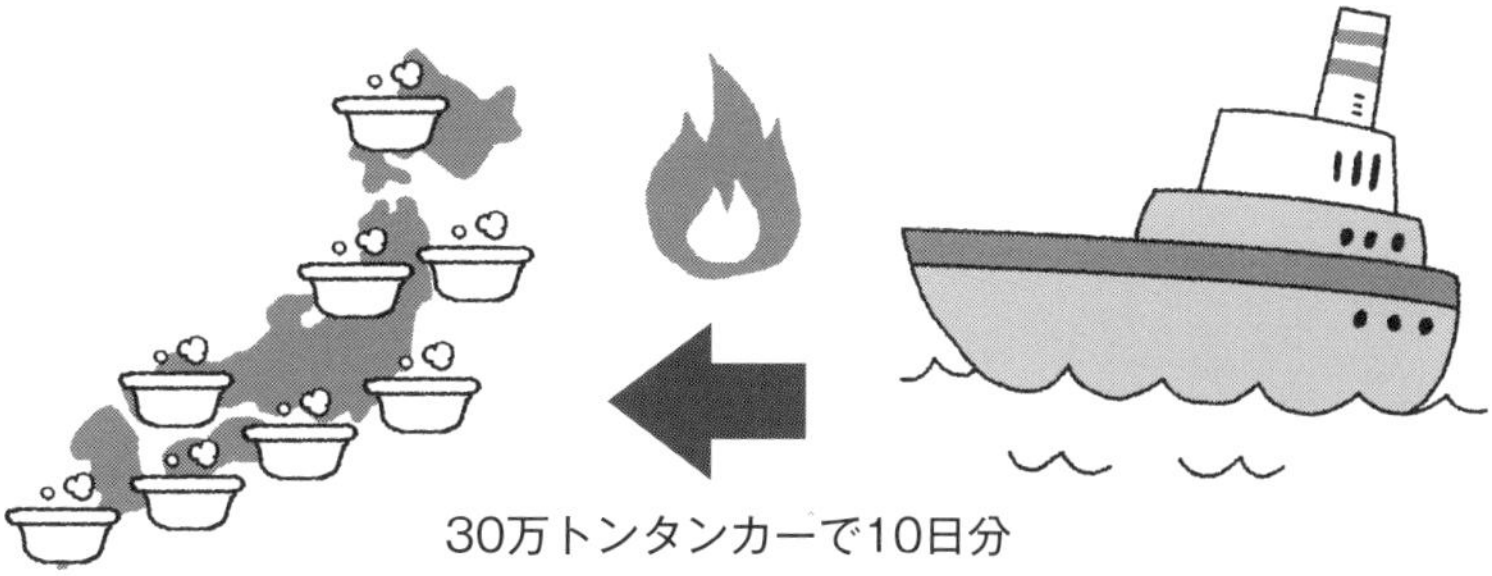
30万トンタンカーで10日分

いったん 40℃のお湯にしたので変換効率は激減する

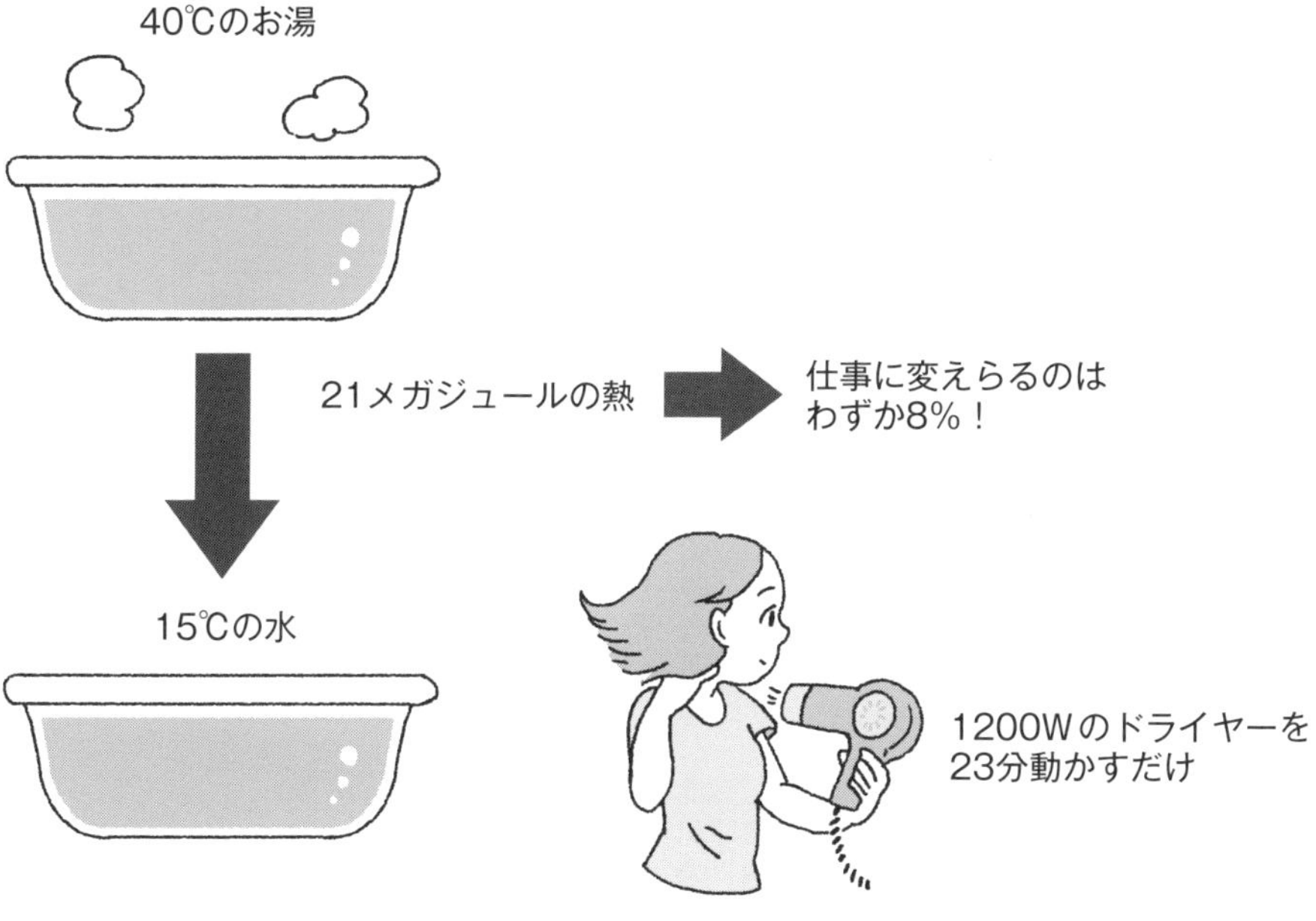
40℃のお湯
21メガジュールの熱
仕事に変えらるのは
わずか8%！
15℃の水
1200Wのドライヤーを
23分動かすだけ

20 トータルで熱の価値は下がる

自然の変化は熱の価値が下がる方向

絶対温度は、熱の仕事への変換を定量的に表す指標でした。そのうえで、身の回りの自然現象を見渡すと、面白いことに気づきます。私たちはごく当たり前に、温度の高い物体と温度の低い物体を、それぞれの状態が変化できる状況、すなわち熱が移動できる状況にすると、自発的に温度の高い物体から温度の低い物体へ熱が移動することを知っています。

これは温度の意味を知った今では、「熱の移動は、熱の価値を下げる方に起こる」と言い換えることができるでしょう。温度の高い状態で移動する熱の方が、温度の低い状態で移動する熱よりもたくさん仕事を取り出せる、すなわち、価値が高いからです。

ここでさらに、次の2つの大切な事実に気づいておきましょう。

①ひとりでに温度の低い方から温度の高い方へ熱が移動することはない

②運動エネルギーや電気的仕事は、どんな温度でも100％熱に変わる

①からわかることは、ひとりでに熱の価値が上がることはないということです。温度の低い方から、温度の高い方へ熱が移動しても、エネルギー保存則にはなんら反していません。それでもひとりでには起こらないのです。つまり、この世界の自然現象には、なんらかの方向があるのです。

冷蔵庫やクーラーはどう考える？

自然現象と言いましたが、では私たちが身の回りで使っている技術はどうでしょうか。たとえば冷蔵庫や

自然の変化は熱の価値が下がる方向に起こる

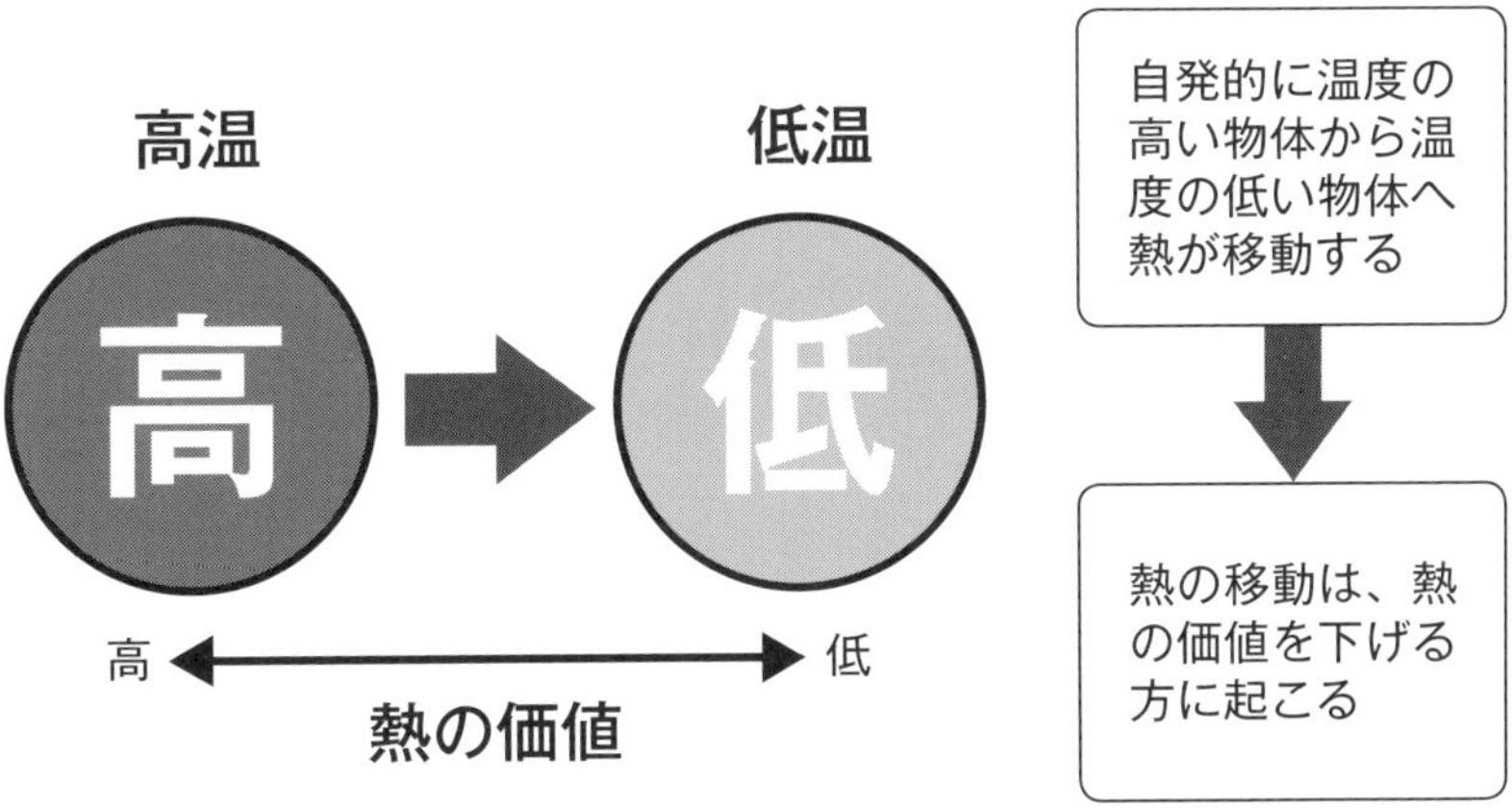
高温
低温
高
低
高
低
熱の価値
自発的に温度の高い物体から温度の低い物体へ熱が移動する
熱の移動は、熱の価値を下げる方に起こる

クーラーを考えてみましょう。どちらも、冷たい場所、つまり温度の低い空間を作って、その空間の温度を周囲よりも低く保つことが目的です。そのため、その温度の低い空間から熱をもらってその低い温度を保ち、その熱を温度の高い周りの空間に捨てています。これは熱の移動する方向だけみれば、熱の価値が上がっており、先ほど述べたことと矛盾しているように思えます。しかしそうではありません。大切なことを忘れています。それは冷蔵庫もクーラーも、コンセントを差し込んでスイッチを押さないと動かないということです。つまり、電気的仕事を使ってはじめて熱の価値を高めることができるのです。

それは②とも関係しています。いかなる温度におい

一口メモ

一見、熱の価値を高めているように見えるクーラーや冷蔵庫も、実はそれはある一部分だけを見ているからであり、トータルで見ると必ず熱の価値は下がっている。逆にトータルで熱の価値が下がれば、部分的に上がってもよい。

ても、その温度で運動している物体は、摩擦により、摩擦熱を発生させて、自身の運動エネルギーを減らすことができます。これはどんな温度でも必ず可能で、自発的に起こります。この摩擦熱の発生を、熱がその温度へ移動して来たと考えるのです。そうすると、移動してくる元の温度は、移動先よりも高くないといけないので、元の温度が無限大と見なせることに気付きます。つまり、運動エネルギーは無限大の温度にある熱と等価と見なせるということです。カルノー効率を考えると、分母分子に無限大温度が入るので、効率は1、つまり運動エネルギーが100%仕事に変換できるということも矛盾なく示せます。

　これは抵抗によってジュール熱を発生させる電気的仕事も同じです。どんな温度であっても、その温度で存在する物質に電流を流してジュール熱を発生させることが可能です。

　したがって、電気的仕事も無限大の温度にある熱を等価と見なすことができます。

熱の価値の向上を価値の低下で補償する

　冷蔵庫やクーラーは、電気を使って、熱を低温の空間から周囲の高温へ移動させます。電気は、温度無限大の熱とみなせるので、電気を使うということは、温度無限大の熱を、周囲の高温部分に移動させていると解釈できます。これは、熱の価値が下がったことに他なりません。つまり、低温空間の熱→周囲の高温部分の熱という熱の価値の向上を、電気（無限大の温度の熱）→周囲の高温部の熱という熱の価値の低下で補償しているわけです。そして、熱の価値の低下の方が優勢で、必ずトータルで見ると、熱の価値が下がっているのです。

コーヒーブレイク

　私たちが快適な生活を過ごすためには、熱の価値を高めることが必要な場合があります。それは不可能ではなくて、より熱の価値を下げる現象によって補償すれば可能になります。トータルで考えることが大切なのです。

冷蔵庫の仕組み

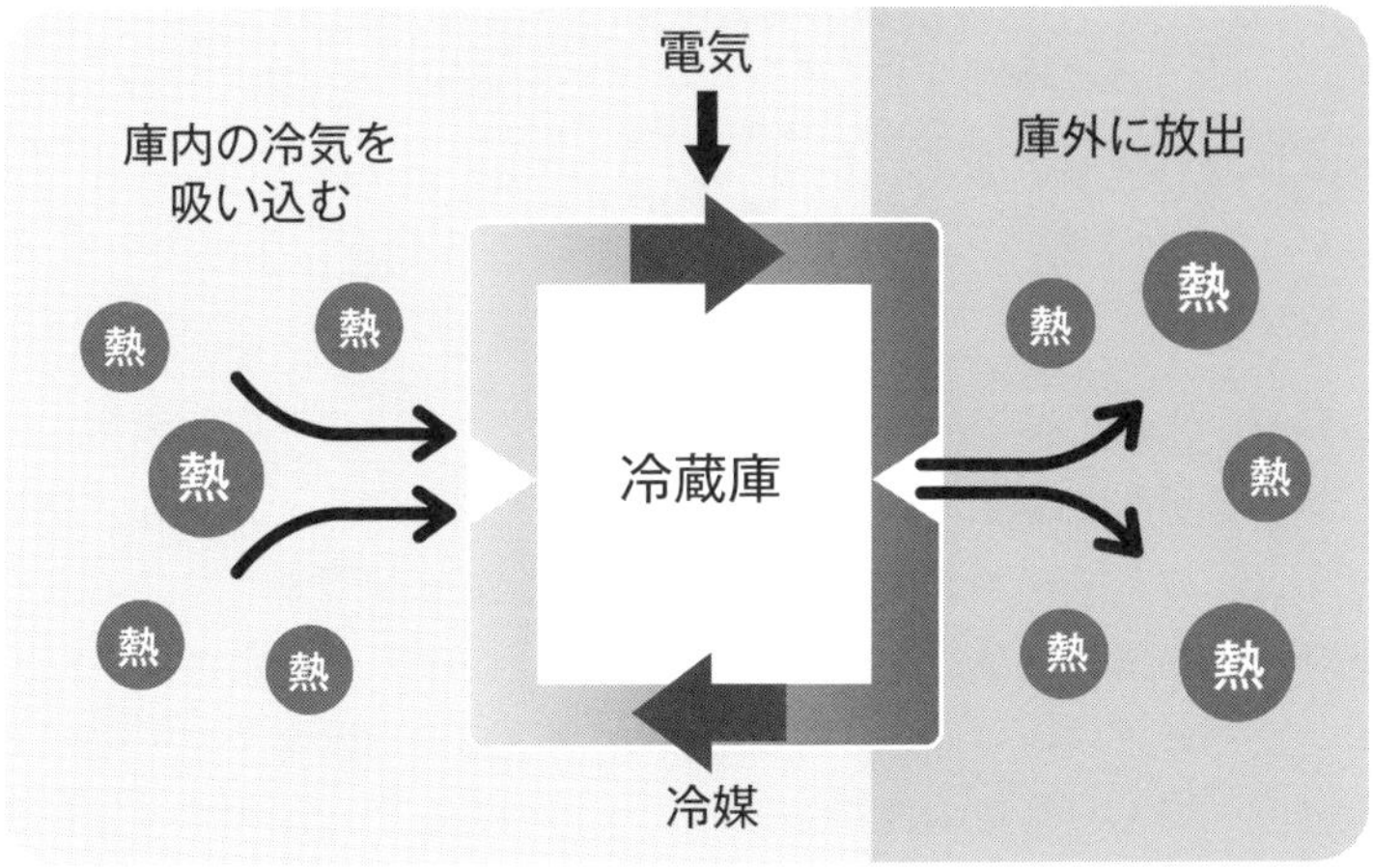

熱の価値は補償できる

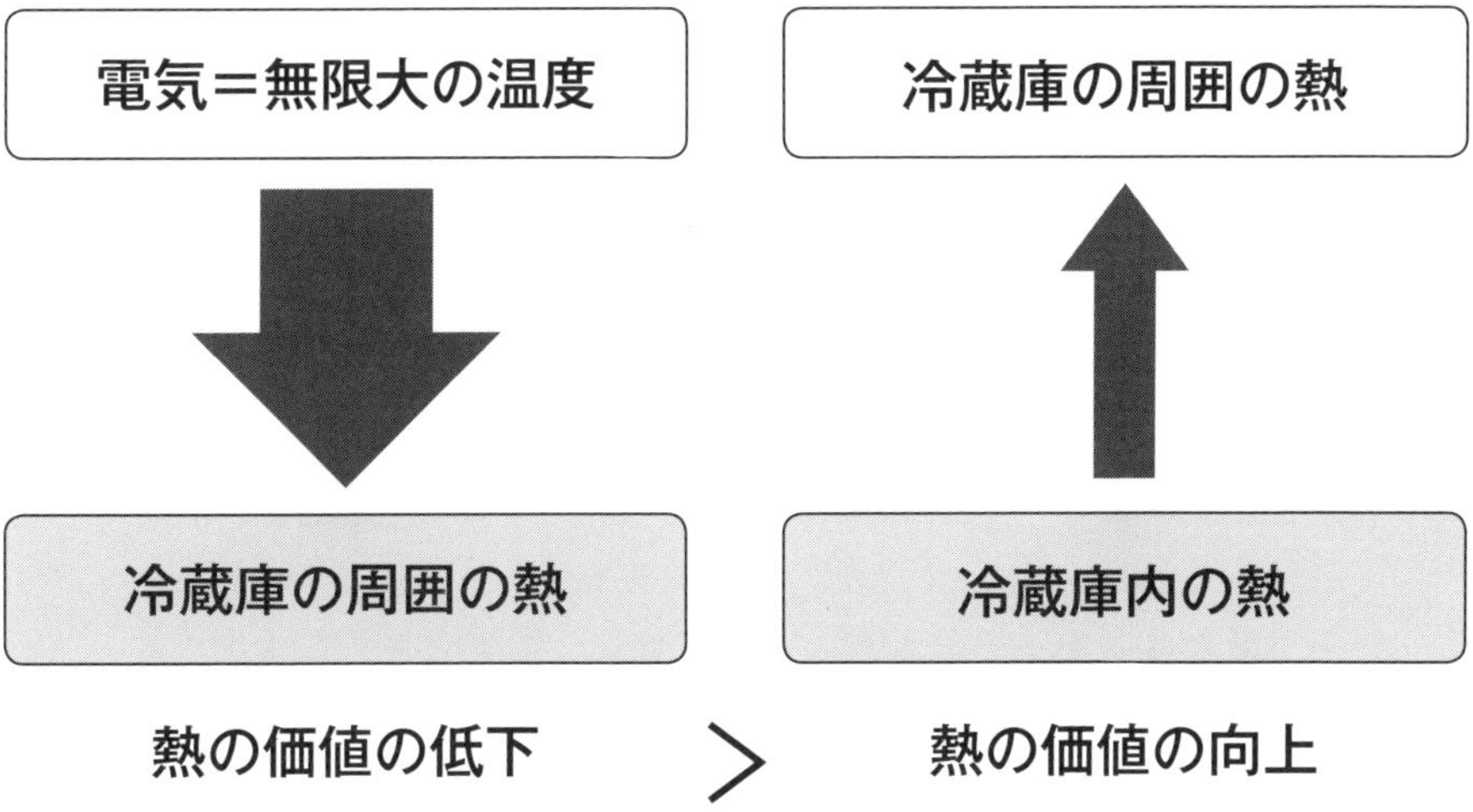

トータルで見ると、熱の価値が低下

Column

新しい熱力学温度の定義（その2）

新しい定義の物理的根拠を考えてみましょう。まず実験事実として、一定量の気体を大気圧の元で温度を上げていくと、その体積はどんどん増えていきます。この現象のミクロな解釈がベースになっています。気体を単原子理想気体とします。ヘリウムをイメージしていただけばいいですね。気体原子はミクロには激しく熱運動して飛び回っており、その体積が温度の上昇とともに増加するのは、気体原子がより高温で激しく熱運動する結果だと考えるのです。

この考え方にたてば、気体単原子の熱運動は並進運動になるので、ある温度である運動エネルギーをもっていることになります。そして、物質量１モルの単原子理想気体のある温度 T における内部エネルギーは $3RT/2$ であることがわかっています。ここで T が熱力学温度、R は気体定数です。内部エネルギー E は、１モル分の気体原子の並進運動のエネルギーの総和です。１モルの気体はアボガドロ数 N_A 個の原子を含んでいるので、気体原子１個あたりの並進運動のエネルギー ε を考えると、単純に割って

$$\varepsilon = \frac{E}{N_\mathrm{A}} = \frac{3}{2}\frac{R}{N_\mathrm{A}}T = \frac{3}{2}k_\mathrm{B}T$$

を得ます。ここで k_B はボルツマン定数で、気体定数をアボガドロ定数で除したもの（R/N_A）です。

ここで注意すべき点は、私たちは３次元の空間にいるので、並進運動の方向として、x、y、z の３方向あるということです。これを自由度が３であるという言い方をします。気体単原子１個が、自由度３の３次元空間で $\frac{3}{2}k_\mathrm{B}T$ の並進運動のエネルギーを持つので、１自由度あたりには、$\frac{1}{2}k_\mathrm{B}T$ のエネルギーを持つことになります。

第3章

温度を測ってみよう

21 温度基準としての水の状態変化

絶対温度（熱力学温度）の定義

１９６７年の国際度量衡総会において、熱力学温度の単位であるケルビン［K］に関して、「ケルビンは水の三重点の熱力学温度の1/273.16という大きさである」と定義されました。長い間、この定義が用いられてきましたが、２０１９年5月から、新しい定義に変わります。それについてはコラム欄で取り上げているので参照ください。また、絶対温度は熱力学温度と同じですが、他の物理量には「絶対」と付けないので最近は熱力学温度が用いられるようです。本書の本文では絶対温度と表現しています。

水の状態変化

長い間、定義に使われてきた「水の三重点」を理解しておきましょう。水の三重点とは、聞きなれない言葉ですね。水には、氷という固体と、水という液体と、水蒸気という気体の3つの状態があります。これらはどれもH_2Oという分子でできていますが、温度や圧力によって、取りうる状態が変わるのです。

今、H_2O分子だけを閉じ込めた、密閉された容器を考えましょう。そしてその容器は頑丈で、外から圧力をかけたり、また温めて温度を上げたりできるとします。ただし、体積は自由に変えられるとします。水はみなさんよくご存じのとおり、大気圧（1気圧）、室温付近（15～25℃）では、液体の水が安定な状態です。そして1気圧のもとでは、0℃（厳密には0.0025℃）で氷という固体に変わるし、１００℃（厳密には99.974℃）で水蒸気という気体に変わります。

1967年の国際度量衡総会
ケルビンは
水の三重点の
熱力学温度の
1/273.16という
大きさであると
定義しましょう

水の蒸発と沸騰の違い

ここで混乱しやすいのが、私たちの身の回りでは、コップの中の水や水たまりは、蓋をしていなければ、どんどん蒸発していくことです。水の蒸発は、液体の水が気体の水蒸気に変わることですが、水と接している気体に何がどのくらい含まれているかが大切です。容器の中に水だけをいれた状態で蓋をして、1気圧で室温に放置していても、水はまったく蒸発せず、容器の中で水としてずっと変化しません。

それに対して、その容器に1気圧の空気を入れます。すると、水は少し蒸発して、水蒸気になり、水蒸気と空気のすべての圧力を合わせて1気圧となってそこで

一口メモ

温度基準は、原理的にはカルノー効率さえ満たせば何でもよい。水の三重点が選ばれたのはより正確に、再現性良く測定できるからに他ならない。

2019年5月からボルツマン定数に基づいた新しい定義が用いられる。

蒸発が止まります。つまり、水だけだと容器の圧力の1気圧に対抗して気体になるだけの運動エネルギーを持てないのです。しかし1気圧の大半を別の関係のない気体（今の場合は空気）が受け持ってくれれば、水分子も蒸発して少しは水蒸気になれるのです。

たとえば20℃だと、水蒸気の圧力は0.023気圧になります。1気圧と比較するとほんのわずかですが、それでも水蒸気になれます。そして部屋に置いてある、蓋のしていないコップの水を考えると、それが接している空気は密閉されていないので、コップの水が少々蒸発して水蒸気になっても、0.023気圧に届かず、その結果、ずっと蒸発し続けることになります。試しにコップに水を入れて、そのコップごと、できるだけ密閉性の高い大きな容器で蓋をしておいてください。コップの水はほとんど蒸発しないはずです。一方、水しか入っていない容器で1気圧で水蒸気にしようと思ったら、容器にかかる圧力を0.023気圧にまで下げればよいのです。実際、この圧力で沸騰し始めます。

蒸発と沸騰は、その違いが明確でないままよく使われています。水が沸騰するときに吸収する潜熱を蒸発熱と言ったりします。よく注意して用いるべきですが、沸騰は物質として純粋に水しか考えない場合の水→水蒸気の変化を言います。それに対し蒸発の方が意味が広く、より一般的な水→水蒸気の変化に対して用います。沸騰しなくても蒸発しますが、蒸発しない沸騰はありません。そして沸騰でも蒸発でも同量の水→水蒸気の変化に対して同量の蒸発熱が必要です。

歴史的に温度の基準として用いられてきた「氷点」は、昔は水と氷を大気に開放した状況で実験したので、水に空気が少し溶けた条件で行われていました。そのため水の「融点」と言わずに「氷点」と呼んでいるのです。ただし、1気圧での水の融点と氷点の違いはごくわずかで、融点は氷点より0.0025℃高いだけです。

コーヒーブレイク

分子間に働く力は、分子が大きくなるほど強くなるので、分子が大きくなると蒸発熱も大きくなる傾向があります。しかし、水は低分子であるのにもかかわらず蒸発熱が大きいことが知られています。これは水分子が少し分極して極性を持っており、その相互作用によります。

水の蒸発と沸騰の違い

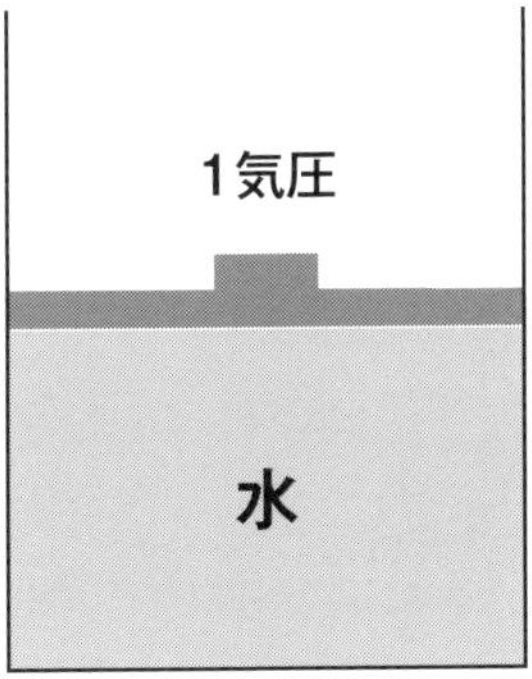

室温

水しかないと
蒸発しない

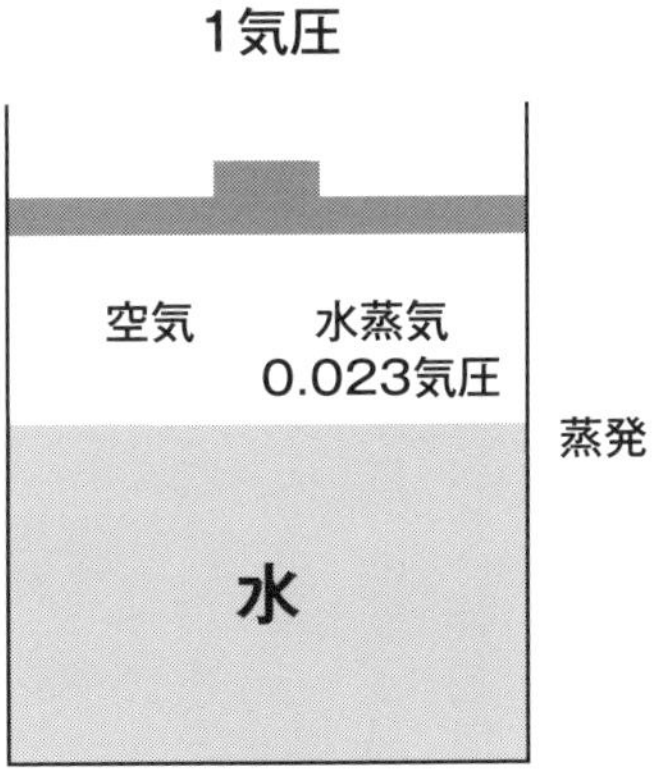

室温

空気があると
蒸発する

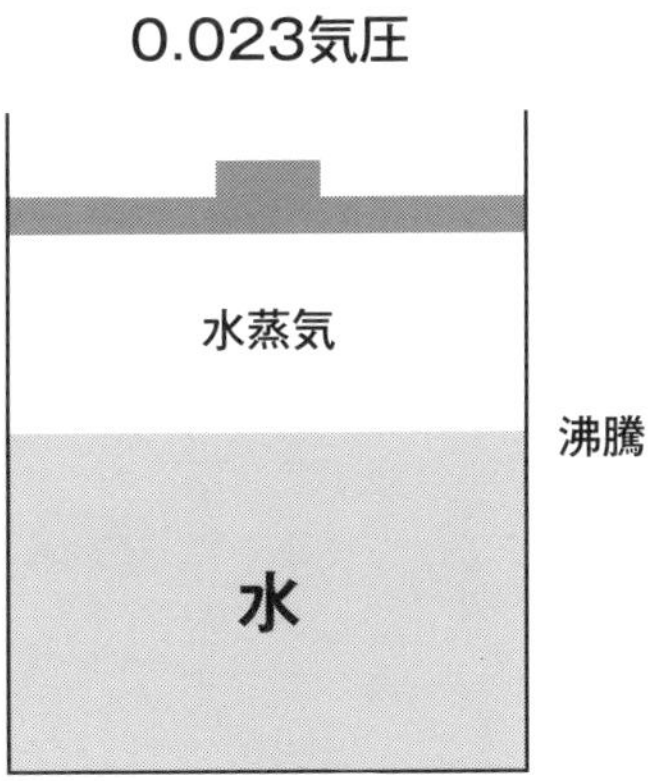

室温

0.023気圧になると
室温でも沸騰する

22 水の三重点

水の状態図

さて、水の三重点ですが、これは物質としては水だけで、容器の中に空気やほかの物質は存在しません。そのとき、地球上のどこででも、宇宙のどこででも、氷と水と水蒸気の３つの状態が同時に存在する温度と圧力が一点だけあります。それを273.16ケルビンにしようというのでした。

縦軸に圧力、横軸に温度をとって、その中に、ある物質が安定にとる状態を領域として表したものを状態図と言います。水の状態図では、温度が高くて圧力が低い領域、すなわち右の下の領域は水蒸気になっていて、温度が低くて圧力が高い領域、すなわち左上の領域は氷になっています。そして水蒸気と氷の間の中間的な領域で水が安定に存在します。

水の状態図の見方

水の状態図の見方を説明しておきましょう。私たちは、大気圧のもとで温度を変えることは簡単なので、その場合を考えましょう。まず縦軸の圧力が1気圧になる点を見つけます。そして、その点を通り、横軸に平行な直線をひきます。その線上が1気圧のもとで、水がとれる状態の変化になります。

まず温度が低い時は、氷になります。そして加熱して温度を上げていくと0.0025℃で氷が融けて水になり始めます。つまり1気圧のもとでの水の融点は0.0025℃です。1気圧のもとでは、この温度のみが、氷と水が共存する温度です。すべて水になったあとも加熱を続けると温度が上昇していきます。どんどん温度が上がって99.974℃になると、沸騰して水と水蒸

水の状態図

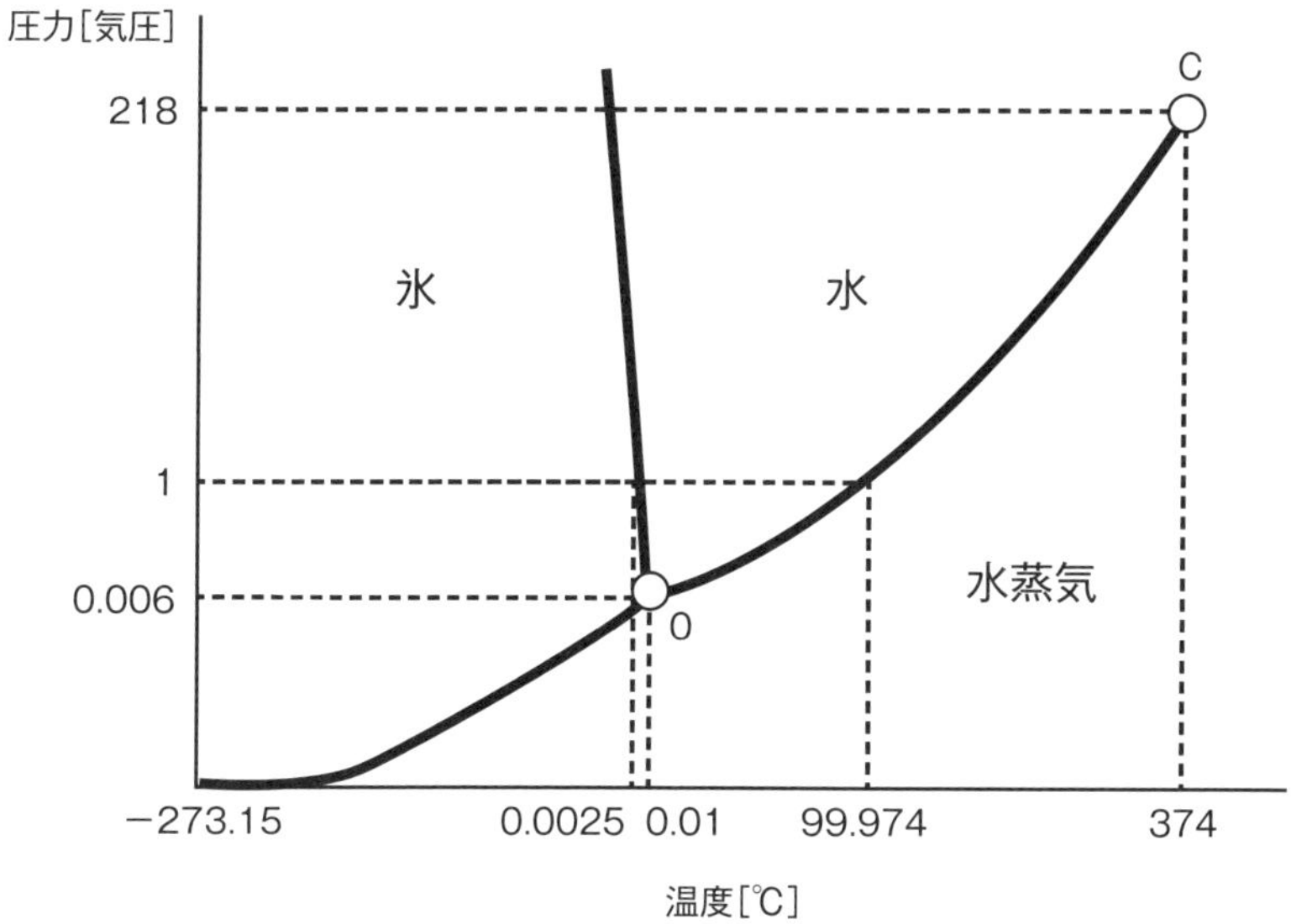

気が共存します。これが1気圧のもとでの水の沸点です。加熱を続けてすべてが水蒸気になってしまうとまた温度が上がり続けます。このような状態の変化を、いろんな圧力と温度に対して調べて、氷と水と水蒸気が安定に存在できる領域を示したのが「水の状態図」なのです。

なお、トムソンが熱力学的に絶対温度を決めた時は、1気圧のもとでの水の氷点と沸点の間を１００等分して定義したのですが、今は水の三重点を基準にしているので、氷点（０度）と沸点の間は１００等分になっていません(99.974等分です)。ただ厳密にはともかく、氷点と沸点を１００等分した摂氏の温度単位に一致させたので今も絶対温度の理解には重要です。

一口メモ

状態図にはその物質に関する情報がたくさん含まれている。たとえば蒸気圧曲線も絶対温度の逆数に対して、蒸気圧の対数をプロットすると直線が得られ、その傾きから蒸発熱が求まる。

水の三重点と臨界点

水の状態図で水と水蒸気が共存する温度と圧力は、水と水蒸気の領域を分ける曲線で与えられます。この曲線は「水の蒸気圧曲線」と呼ばれています。

さて、その蒸気圧曲線を下の方にたどっていくと氷の領域とぶつかる点にたどり着きます。図では点Oで表されています。この点が、氷と水と水蒸気の3つの状態が共存できる温度と圧力で、水の三重点と呼ばれています。そして、図より明らかなように、ただ一点しかありません。絶対温度では273.16Kで、摂氏0.01℃、圧力は611.66パスカル（およそ0.006気圧）となります。

これは地球上であるとか、宇宙の果てであるとかにまったく関係なく、水という物質のみの性質で決まってしまいます。たとえば、あなたが宇宙のどこかで、温度を測りたくなったときに、温度計がなくて、何度かわからなくなってしまったとしましょう。そんなときでも、水だけを容器に入れて、圧力と温度をいろいろ変えて、なんとか氷と水と水蒸気が共存する状態を作れば、それは三重点なので、その温度を273.16K、あるいは摂氏0.01℃とすればよいのです。

蒸気圧曲線を三重点と逆の右上にたどっていくと点Cに達します。この点Cを「臨界点」と呼んでいます。その臨界点の温度は647.10Kで摂氏373.95℃、22.064メガパスカル（217.75気圧）です。

この臨界点よりも高温・高圧の領域は、水→水蒸気を分ける曲線が存在しません。この状態を「超臨界」と呼びます。超臨界は水でもあり水蒸気でもあるので、水のようにモノをよく溶かし、水蒸気のように高い流動性を持ちます。二酸化炭素の超臨界はコーヒーの抽出など食品加工に使われています。

コーヒーブレイク

水が凍ると氷に変わりますが、実は氷には17も種類があります。何が違うかというとH_2Oの周期的な並び方が異なるのです。高い圧力を掛けた100℃を超えても溶けない氷もあります。氷を触って火傷をするという笑えないことがおこります。

水の沸点は 273.16K

水の三重点セル

ガラス容器内に高純度の水が
封入されている

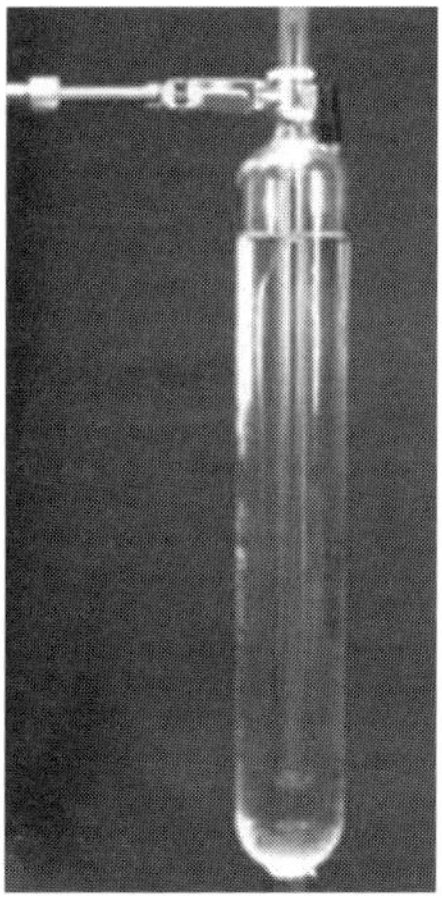

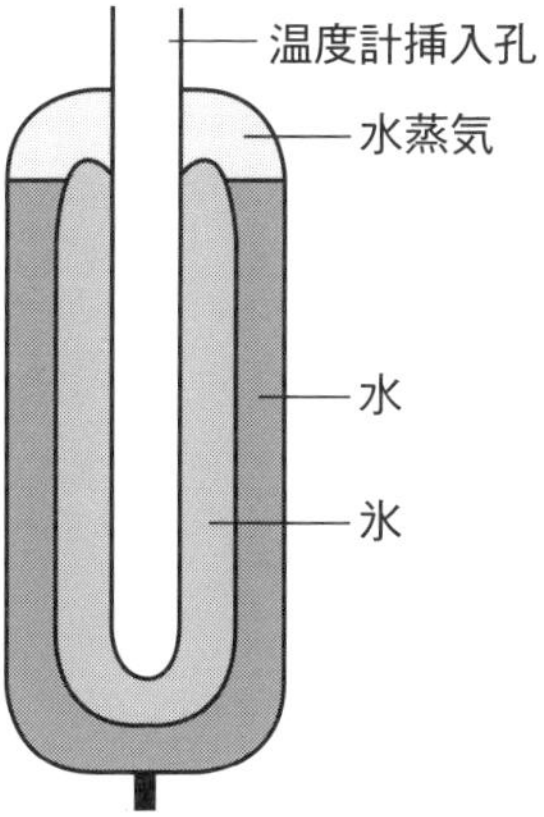

この状態の温度が
273.16K

23 温度計の歴史

ガリレイから始まった

温度計の歴史をたどってみましょう。１５９３年ころガリレイが、空気が温度によって膨張したり収縮したりする性質を利用した温度計を作りました。病人の体温変化を測るためと言われています。空気をガラス球の中に閉じ込めて、その体積の温度による変化を観察するもので、温度変化を見えるようにしたことは画期的なことでした。しかし、空気を封じ込めている水が大気圧の影響を受けるので、温度をいつも同じように測定することはできませんでした。

その後、液体を管に封じ込めた温度計が開発され、気圧の影響を受けずに温度変化を観察することができるようになりました。今では装飾用にカラフルな色のついたガリレイ温度計を購入できます。

ファーレンハイトは水銀温度計を作った

１７１４年ころ、ドイツのファーレンハイトは、水やアルコールの代わりに水銀を利用した温度計を開発しました。水銀の融点は－39℃、沸点は357℃で、水の氷点（大気圧のもとで、空気を含んだ水と氷の共存する温度）より低い温度でも、また、沸点より高い温度でも液体のままなので、身の回りの温度範囲をほぼカバーできます。

また膨張・収縮の仕方も温度にかかわらずほとんど一定なので、均等に目盛りをうっても誤差が少なくてすみます。さらに、ガラス管を容器として使っていましたが、水やアルコールはガラスに濡れて付着しやすく再現性が取りにくいのに対して、水銀は濡らさず付

空気の体積変化を利用した最初の温度計

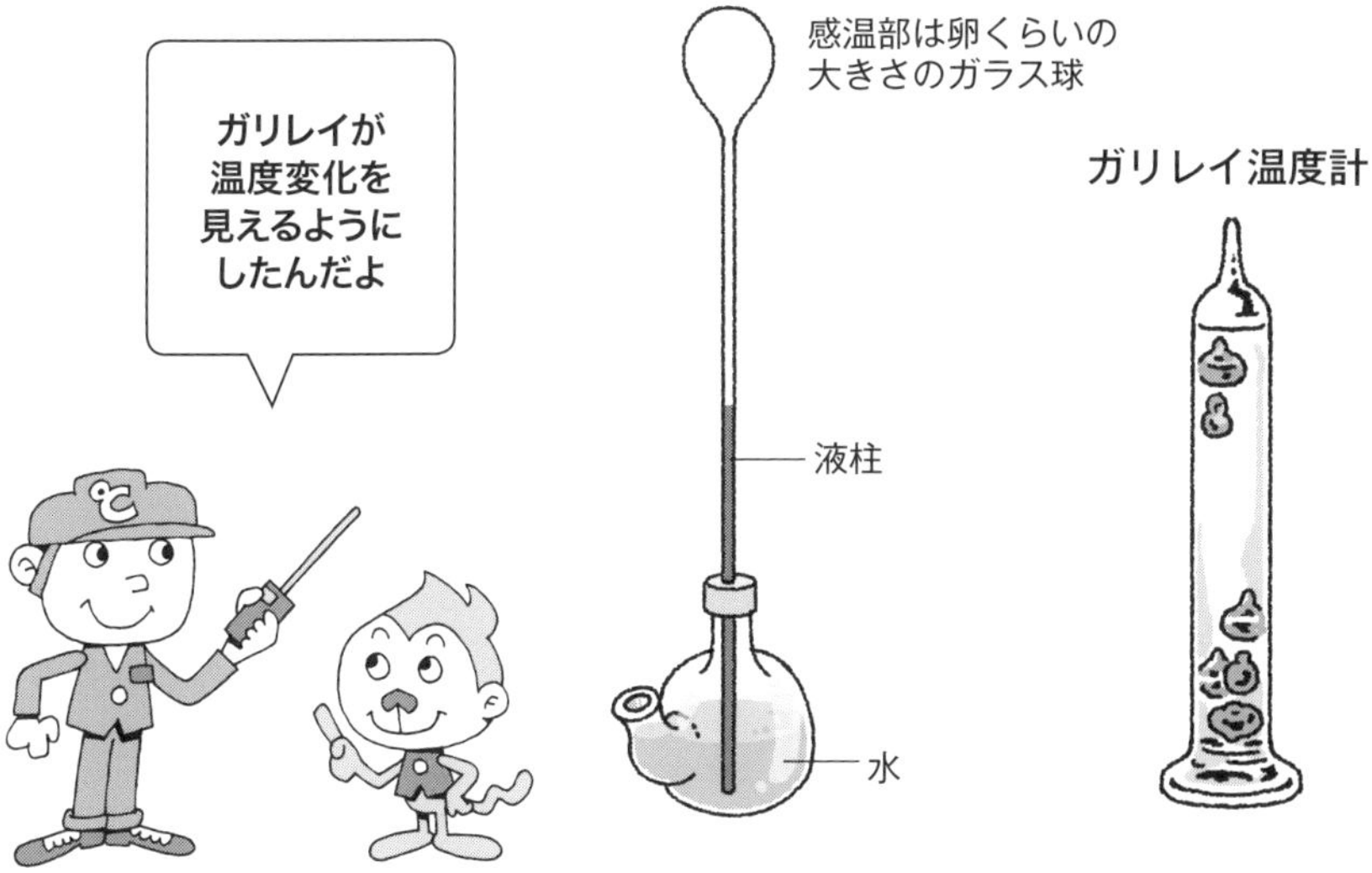
ガリレイが
温度変化を
見えるように
したんだよ
感温部は卵くらいの
大きさのガラス球
液柱
水
ガリレイ温度計

着しないので何度でも正確な測定ができます。

ファーレンハイトは、氷と塩化アンモニウムを混ぜたて、そのときに得られる最低温度（－17.8℃）を基準のゼロ℃として、大気圧のもとでの水の氷点を32℃、沸点を212℃とした目盛を提案しました。これは「ファーレンハイト（華氏）目盛」として現在でもアメリカ、カナダなどで用いられています。記号は°F（華氏）で表されるので、この表記を用いると、大気圧のもとで水の氷点は32°F、沸点は212°Fと表されます。この功績によりファーレンハイトの誕生日である5月14日は「温度計の日」とされています。

一口メモ

温度計の歴史は古い。熱い、冷たいという感覚を可視化、数値化するためにさまざまな種類の温度計が作られた。現在でも温度計測、制御はますます重要になっている。

特に電子機器の放熱は重要な技術である。

セルシウスは反対に目盛りを付けていた

１７４２年スェーデンのセルシウスは、大気圧のもとでの水の沸点を０度とし、水の氷点を１００℃とする目盛を提案しました。今とまったく逆ですね。しかし彼の死後、水の氷点を０℃、沸点を１００℃とするように修正されました。水が液体の状態であるときの温度範囲を１００等分するので、ラテン語で〝１００歩〟を意味する「centigrade（センチグレード目盛）」と名付けられました。現在も一般的にはそう呼ばれていますが、その後、１９４８年の国際度量衡総会において、正式名称は「セルシウス目盛」と決められました。この目盛は現在、日本を含む多くの国々で用いられ、単位℃（摂氏）で表されています。大気圧のもとで水の氷点は０℃、沸点は１００℃と表されていましたが、現在では氷点と沸点で絶対温度を定義するのではないので、少し違っています。

物理化学的なアプローチ

その後、物理化学と呼ばれる学問分野の発達とともに、再び、ガリレイが利用した気体の体積膨張が注目されるようになりました。ただし今度は「空気」という実在する気体の性質に基づいたものではなく、気体の理想的なふるまいを追求する中で検討されました。物理化学とは、物理学的な手法を用いて、化学的な性質や挙動を調べる学問で、理想的なふるまいをする気体、「理想気体」という概念が生まれました。理想気体という概念は、物理化学の発展に大きく貢献しました。さらに電気現象が発見されると、抵抗や熱起電力など電気的な性質を利用する温度計が数多く作られました。電気は制御が容易で、再現性に優れているので、現在たくさん用いられています。

コーヒーブレイク

日本人で初めて温度計を作ったといわれているのは平賀源内です。寒暖計と呼ばれていたようですが、立派なアルコール温度計です。目盛板には「極寒、寒、冷、平、暖、署、極署」と書かれていたようです。

ファーレンハントの水銀温度計

水銀温度計

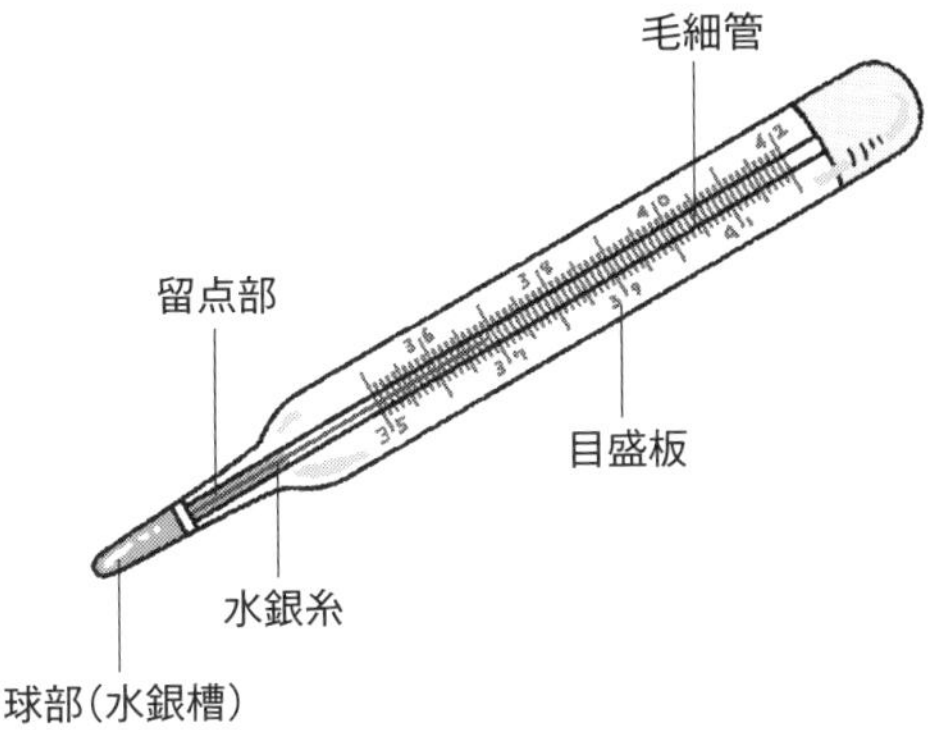

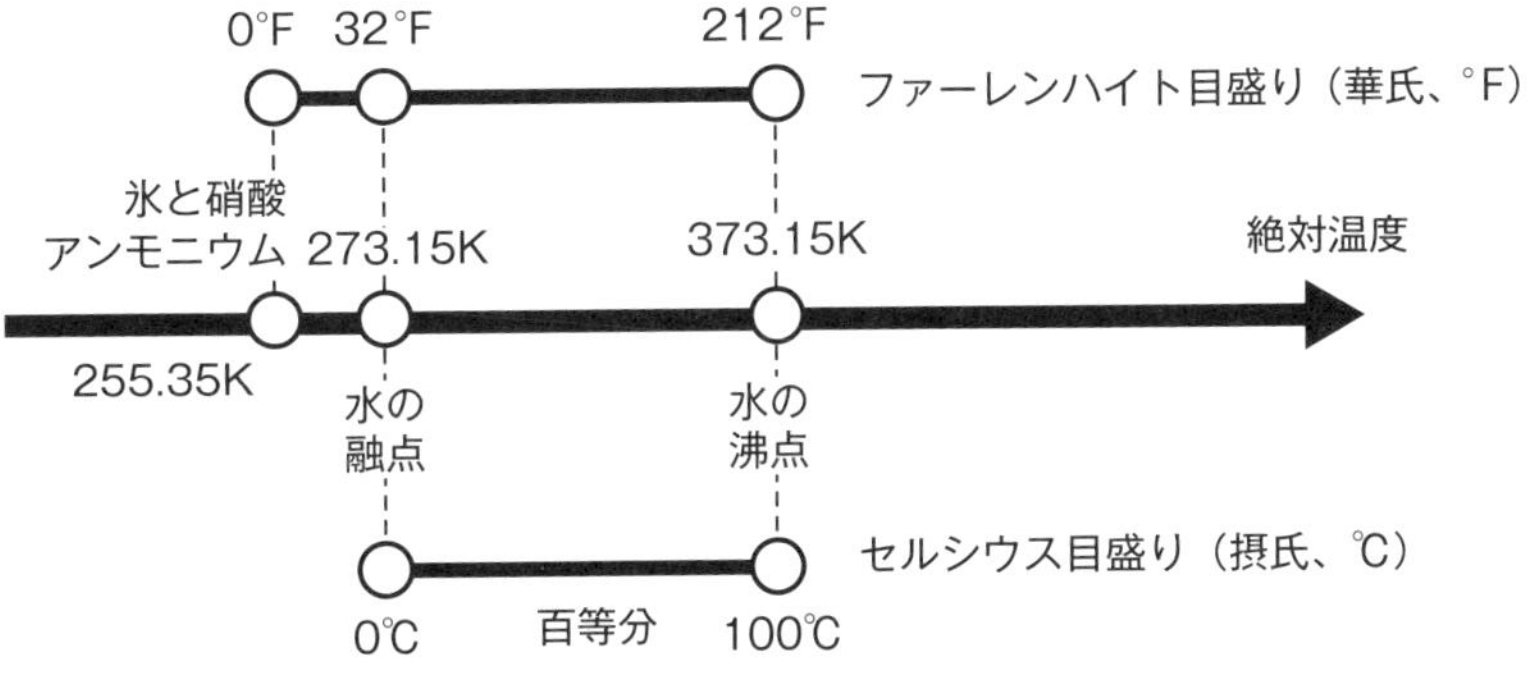

24 温度を測る
―いろんな温度計がある

温度計の種類

絶対温度は、熱の仕事への変換効率に影響を与える唯一の因子で、熱の価値を表す指標でした。その原理に基づいて測定する方法もあれば、変換効率と関係なく、物質の性質に基づいて測定する方法もあります。

温度を測定する原理に関しては、まさに千差万別です。要するに、温度に依存して変化する物性や現象であれば、原理的にはすべて使えます。

ここではいろんな温度計を分類して紹介しましょう。まず温度計は、温度を測定したい対象物に接触させて測定するか、接触させないで測定するかに大別されます。それぞれ接触式と非接触式と呼ばれます。

接触式温度計

接触式温度計にもいろんな分類の仕方がありますが、温度計を構成している物質の体積変化や圧力変化を利用する気体温度計・液体封入ガラス温度計・圧力式温度計などがあります。いずれも物質の温度が上がると、圧力が一定だと体積膨張する性質や、体積一定だと圧力が上がる性質を用いています。

その他の接触式温度計として、電気現象が用いられます。温度が変わると物質の抵抗が変わることを利用できますが、白金の抵抗変化を用いた白金測温抵抗体温度計、あるいは半導体の抵抗変化を用いたサーミスタ温度計がよく使われています。白金測温抵抗体温度計は、現在、もっとも安定な温度計の1つとされていて、工業用の計測にもっともよく用いられています。

一般に金属は温度上昇とともに抵抗が増加するのに対して、サーミスタ温度計では、温度上昇とともに抵

温度計の分類

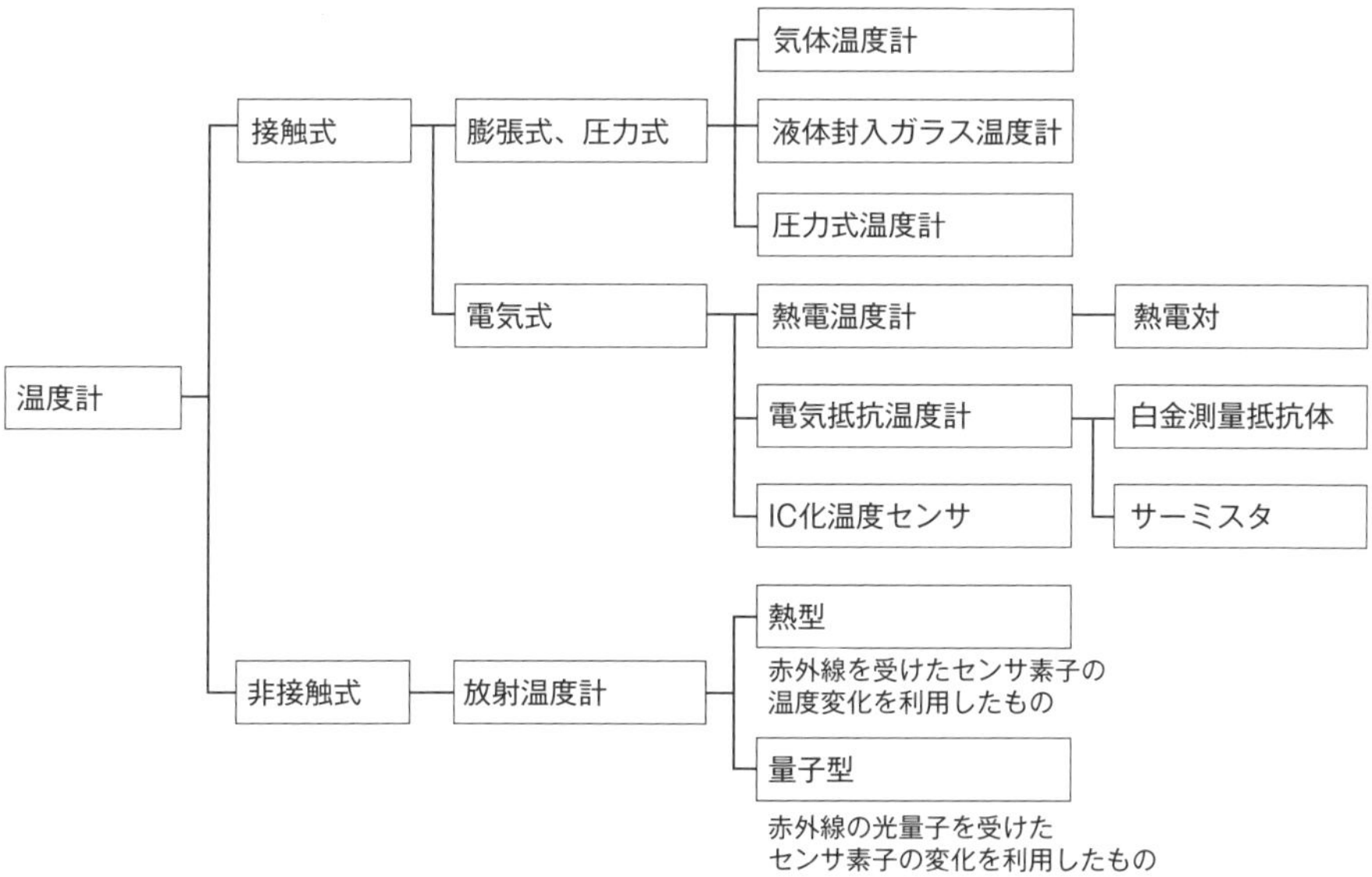

抗が減少する半導体が用いられていることが多いです。サーミスタとは、Thermal Sensitive Resistor（温度に敏感な抵抗体）からきており、その名のごとく狭い温度範囲で感度よく測定でき、値段も安く、衝撃に強いので、広く用いられています。

一方、温度差があると仕事を取り出せることはすでに話しましたが、その仕事を電気的に電圧として発生させることができます。それを熱起電力と言いますが、それを使ったのが熱電対温度計です。

その他にも、半導体特性と電子制御技術を合わせて使いやすくしたIC温度センサなどいろいろな温度計があります。

一口メモ

温度計には接触式と非接触式がある。用途に応じて、適切な温度計を使用する必要がある。

絶対温度は水の三重点で定義されているが、実用的には広い温度範囲で温度定点が国際的に定められており、国際実用温度目盛りと呼ばれている。

非接触式温度計

非接触式温度計としては、放射温度計がよく知られていますが、それには熱型と量子型があります。熱型放射温度計は、測定対象の物体が発する赤外線を受けて生じるセンサ素子の温度変化を感知します。温度変化の感知には抵抗変化や熱起電力などが用いられます。量子型は赤外線を受けるセンサ素子が赤外線によって直接励起され、この励起によって生じるセンサ素子の抵抗変化や電圧変化を利用します。

広い範囲をカバーするための温度定点

水の三重点を用いて、絶対温度が定義されましたが、もっと高い温度を測りたいことや、それが正しく絶対温度を表しているかどうかを確かめるために、いちいち水の三重点を作っていては何かと不便です。そこで実用的な温度定点（一次定点）が決められています。１９９０年の国際実用温度目盛り（ITS-90）では多くの温度定点が示されています。定義定点に用いられる物質として、ヘリウム、平衡水素、ネオン、酸素、アルゴン、水銀、水、ガリウム、インジウム、すず、亜鉛、アルミニウム、銀、金、銅があり、それらの三重点あるいは融点が利用され、低温から高温まで、温度範囲広くカバーされています。

また元素には質量数の異なる同位体が存在するものがありますが、同じ元素でも同位体ではわずかながら三重点や融点が異なります。そのため、正確な温度定点のためには、同位体の存在比も定めておく必要がありますが、^{3}Heを除くといずれも同位体比は地球の天然存在比を参考にしています。２０１９年５月より、絶対温度の定義が変更になりますが、ITS-90はそのまま残されることが決まっており、実用的にはほとんど影響はありません。

コーヒーブレイク

2019年5月20日(世界計量記念日)から、新しい温度の定義が用いられることになります。その定義に基づいて、温度が測定できる温度計を、1次温度計と呼びます。新しい1次温度計には、定積気体温度計、音響気体温度計、熱雑音温度計、放射温度計などがあります。

ITS-90の定義定点

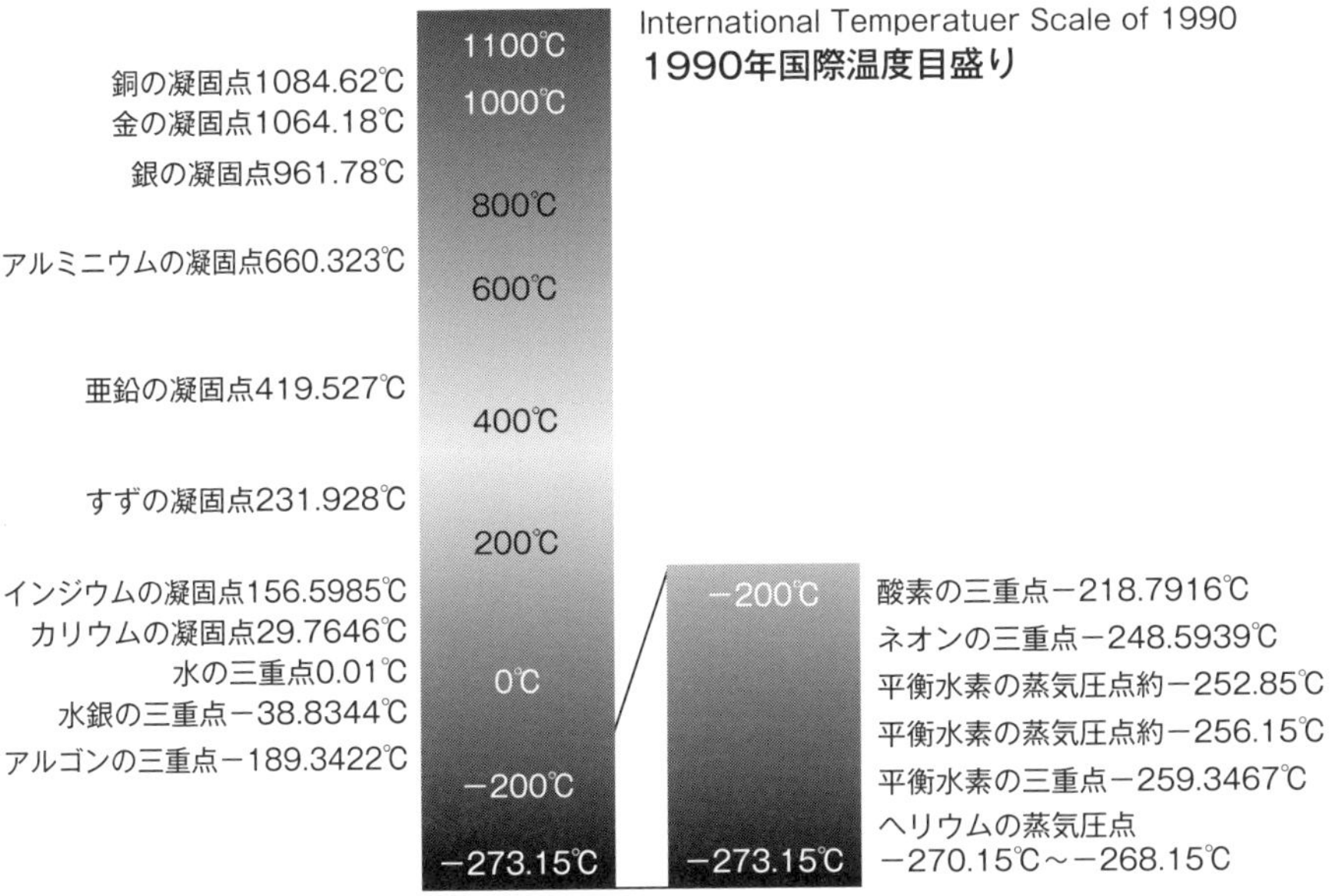
International Temperatuer Scale of 1990
1990年国際温度目盛り
1100℃
1000℃
800℃
600℃
400℃
200℃
0℃
−200℃
−273.15℃
銅の凝固点1084.62℃
金の凝固点1064.18℃
銀の凝固点961.78℃
アルミニウムの凝固点660.323℃
亜鉛の凝固点419.527℃
すずの凝固点231.928℃
インジウムの凝固点156.5985℃
カリウムの凝固点29.7646℃
水の三重点0.01℃
水銀の三重点−38.8344℃
アルゴンの三重点−189.3422℃
−200℃
−273.15℃
酸素の三重点−218.7916℃
ネオンの三重点−248.5939℃
平衡水素の蒸気圧点約−252.85℃
平衡水素の蒸気圧点約−256.15℃
平衡水素の三重点−259.3467℃
ヘリウムの蒸気圧点
−270.15℃〜−268.15℃

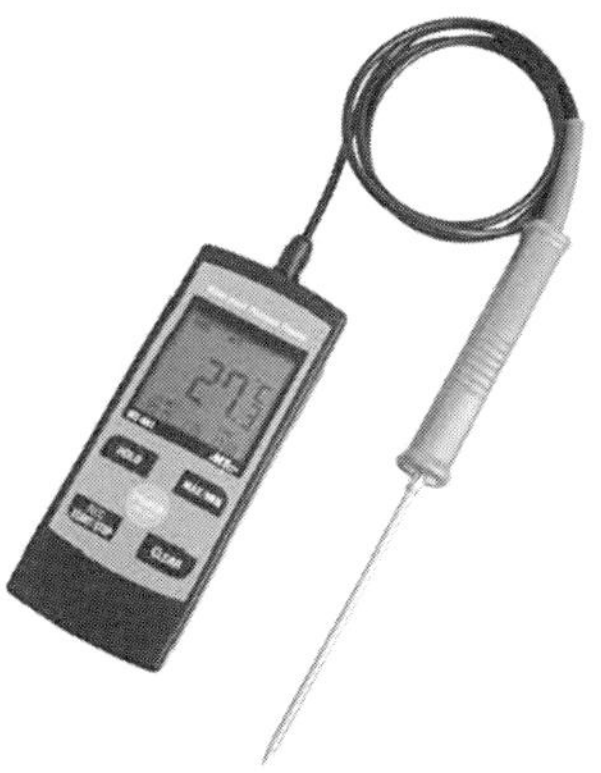

白金測温抵抗体温度計

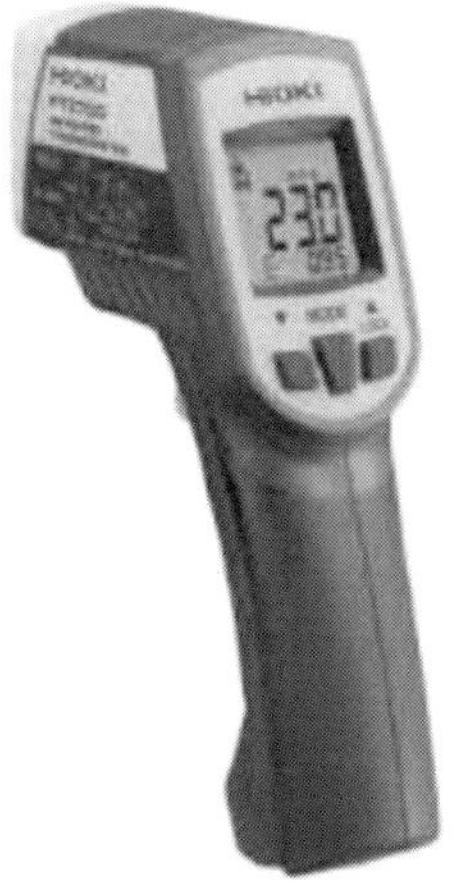

放射温度計

25 熱いと膨らむ
―正しくは「温度が高いと膨らむ」―

理想気体の状態方程式

「熱いと膨らむ」というタイトルですが、正しくは「温度が高いと膨らむ」ですね。物質は原子や分子から構成されています。そして、その物質が置かれている温度で、熱運動をしています。温度を上げる、すなわち、顕熱を加えると、物質の内部エネルギーは増加しますが、それは、構成している原子や分子の熱運動が激しくなることにもなります。熱運動が激しくなる結果、ほとんどの場合に体積が増えます。

特に、体積膨張の効果が大きいのは気体です。実際の気体は、気体原子や気体分子同士の分子間力や、自分自身の大きさなどがあるので、圧力・体積・温度の関係は複雑なのですが、分子間力と自身の原子や分子の体積が無視できると仮定すると、きわめて簡単な関係が得られます。分子間力と自身の体積を無視した気体を「理想気体」と呼びます。理想気体には状態方程式が成立し、気体の体積をV、圧力をP、温度をT、物質量をnとすると、$PV=nRT$となります。Rは気体定数です。今、大気圧のもとで、すなわち、圧力一定のもとで、温度と体積の関係を調べてグラフにプロットしてみると、直線関係が得られます。その直線を温度が低い方に外挿すると、摂氏マイナス273℃の時に、体積がゼロになることがわかります。

体積ゼロとは何を意味するのでしょうか。理想気体は自身の原子や分子の体積はゼロで、気体の体積としては、原子や分子が熱運動して飛び回って、気体としての体積を作っています。より高温の方がより体積が大きくなるというのは、より熱運動が激しくなることを表しています。その体積がゼロになるということ

理想気体の体積と温度の関係

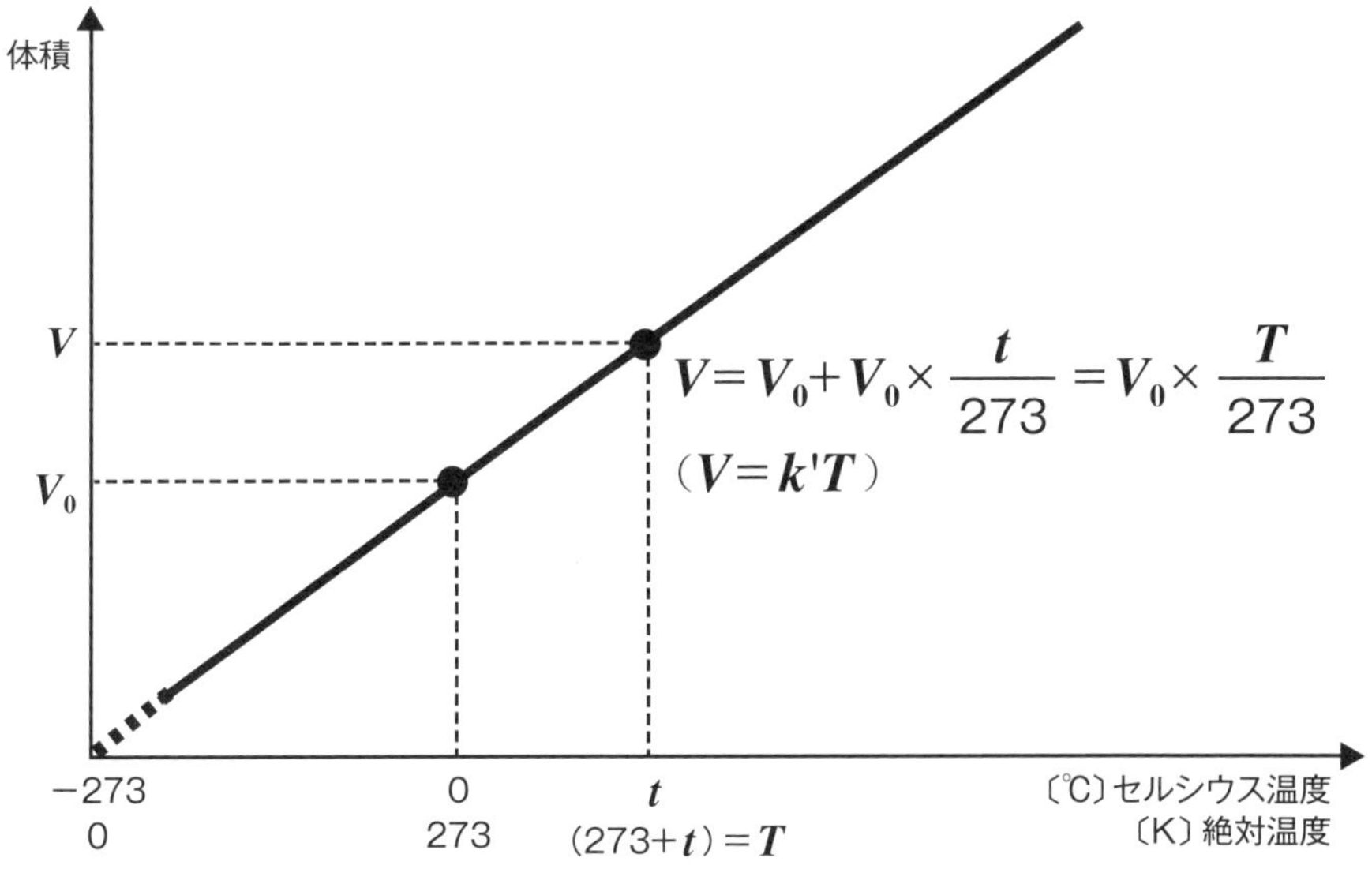

は、気体の原子や分子が熱運動しなくなるということに他なりません。つまり、摂氏マイナス273℃は、理想気体の原子や分子が止まってしまう温度なのです。運動として止まることは一番運動エネルギーの低い状態なので、この温度が下限を与えることになります。それがトムソンの絶対温度の基準、0Kとちょうど一致するのです。絶対零度とは、物質の熱運動が停止する温度だったのです！

　このように気体の体積変化を利用した温度計を「気体温度計」と言います。しかし気体の体積変化は大きく、身近で使うには不便なので、液体の膨張を使った温度計がよく使われています。理科の実験などでよく使われるのは、ガラスに赤い液体が封入された棒状温

一口メモ

　実在気体でも、大気圧下の室温付近で体積と摂氏温度の関係をプロットすると、きれいな直線が得られる。体積→0に外挿すると精度良く−273℃が得られる。これが絶対零度である。

　絶対零度では気体の原子や分子は熱運動しない。

度計でしょう。アルコール温度計として知られていますが、中の赤い液体はアルコールではなく、多くは着色した灯油など石油系のものが使用されています。

よく使われていた水銀温度計

気体温度計もアルコール温度計も、温度の上がり下がりに追従して、原理的にそのときの温度計の置かれている部分の温度を表示します。それに対して、体温計は、脇の下に挟んでいるときは体温を測っていますが、取り出したら環境の温度に追随して温度表示が下がってしまうようでは不便です。

そこで水銀温度計は、温度が低下したあとでも、その水銀温度計が表示した最高温度が表示されるように工夫されています。それが留点です。まず細いガラス管の中に封入された水銀は、温められると膨張します。膨張した水銀は、逆流を防ぐ留点を通り抜けて細い管である毛細管を上昇していきます。温度ごとによる水銀の膨張の度合いに合わせて目盛りが振られているので、規定の温度に達すると膨張が止まり、温度を測定することができるのです。取り出した後、温度が下がる時には、水銀は留点のところで切れて、留点から上にある水銀は下がることができず、ガラス管内に残ります。そのため最高温度が測定できるようになっているのです。

水銀温度計は一般の家庭でもよく使われていましたが、破損して中の水銀がこぼれやすく、水銀の蒸気は高い毒性を持つので、現在では電子式体温計に置き換えられ、精度良く測定されるようになっています。電子式体温計は体積変化ではなく、電気抵抗が温度によって敏感に変わることを利用しています。最近は短時間で測れる予測式体温計も開発され、乳幼児の体温測定に役立っています。

コーヒーブレイク

気体や液体だけでなく、固体も温度を上げると体積膨張します。しかし例外もあります。水がそうです。0℃の水と4℃の水を比べると、温度が高いにもかかわらず、4℃の水の方が体積はわずかながら小さくなります。そのため密度は高くなり、4℃の水は0℃の水よりも重たく、下に沈みます。

温度が高いと熱運動が激しくなり体積膨張する

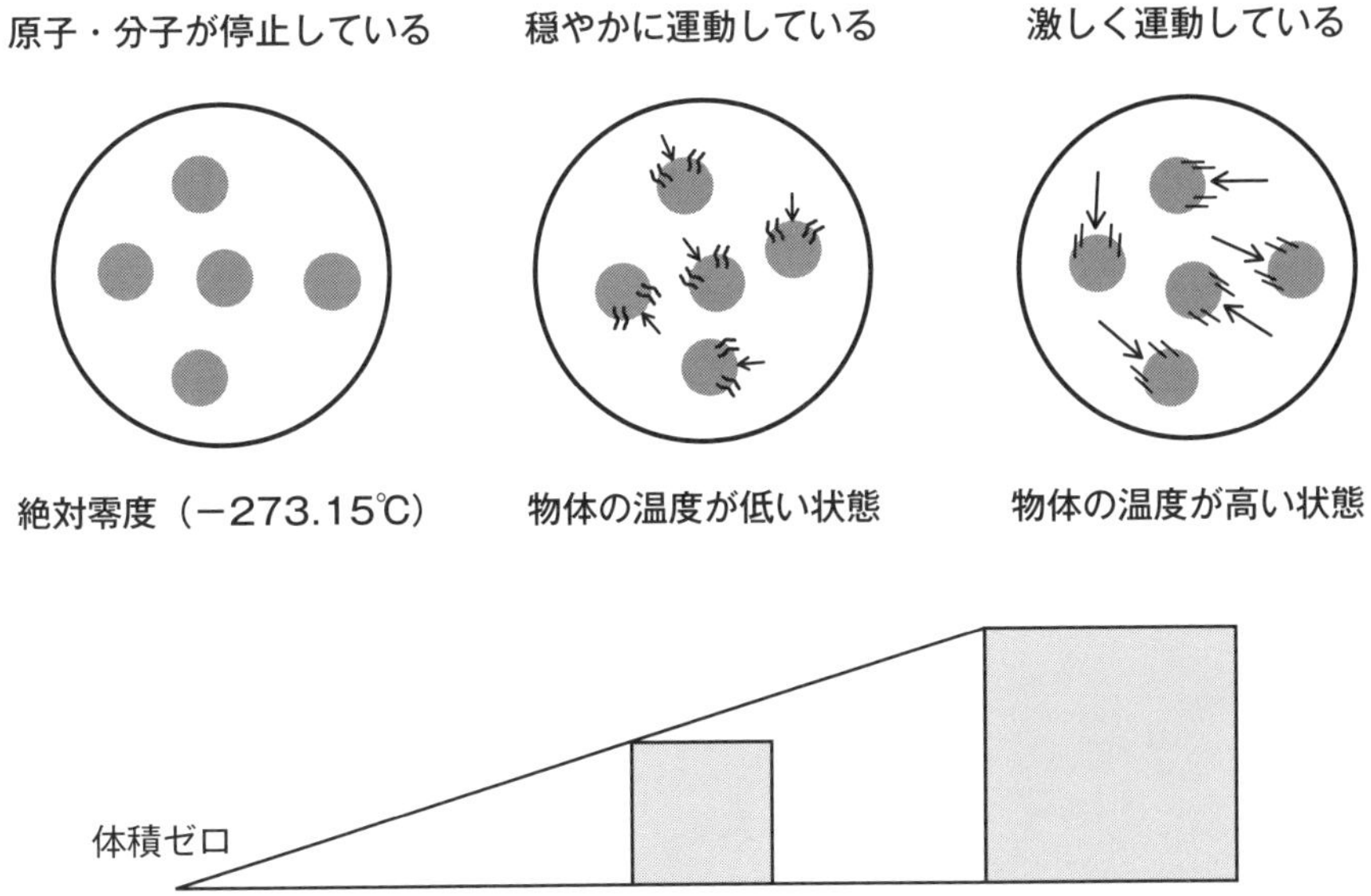

水銀温度計

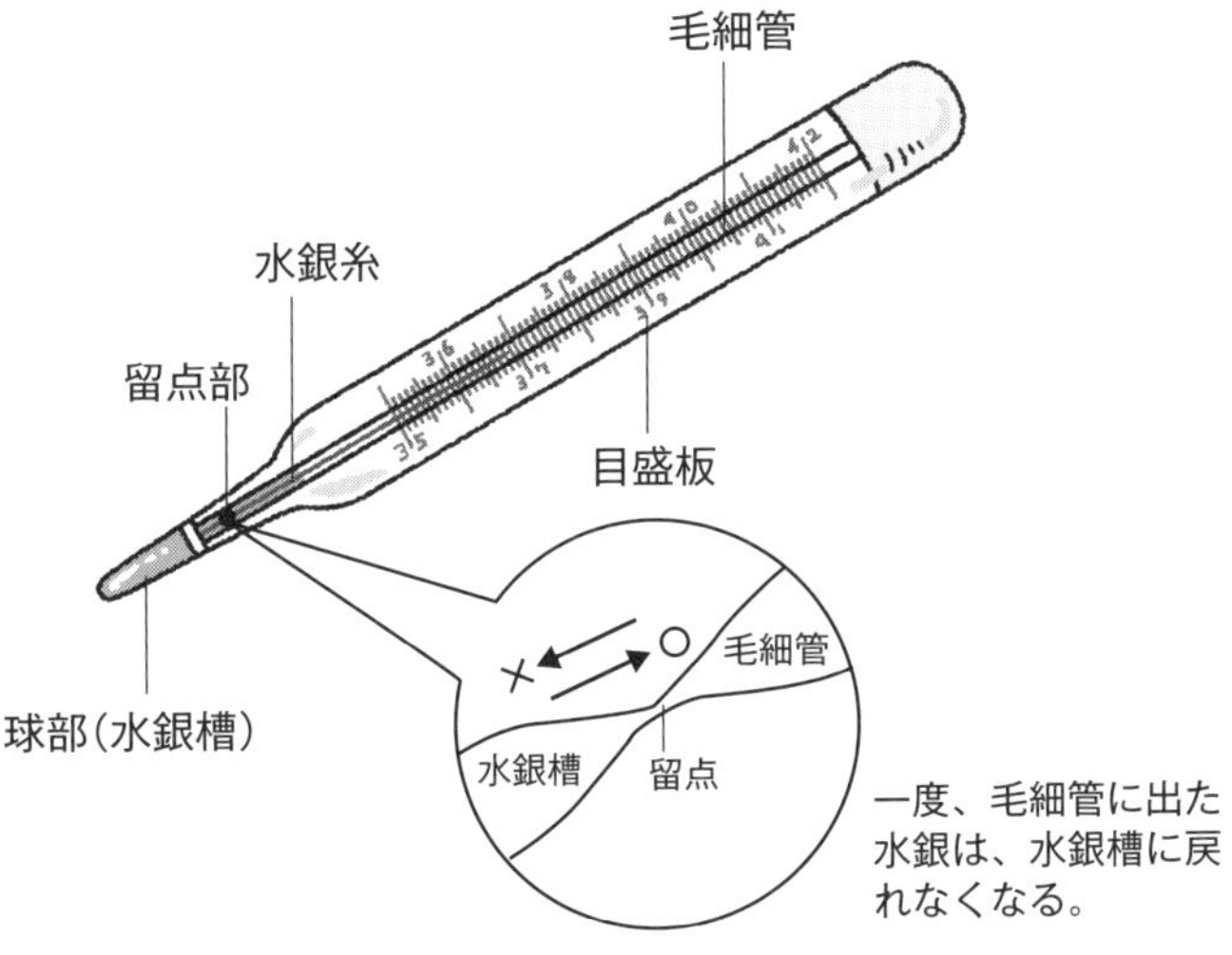

26 熱電対～温度差が起電力を産む

ゼーベック効果

金属や半導体を棒状にしておいて、その一端を高温に、もう一方の端を低温に保つとします。つまり、1本の棒状の物質の両端を異なる温度に保つわけです。そのとき、その両端のあいだには電位差が発生します。この現象は、1821年にドイツのトーマス・ゼーベックによって発見されたので、「ゼーベック効果」と呼ばれ、発生する電位差を「熱起電力」と呼びます。

金属や半導体の内部には、比較的自由に動ける電子が存在しています。高温側にある電子は、高温であるため、低温側に比べて少しエネルギーの高い状態になります。電子はエネルギーの高い方から低い方へ移動しようとするので、高温側の電子は低温側へ移動しようとします。電子は負の電荷を持っているので、ごくわずかに移動しただけで、低温側は電子が多くなるので負に帯電します。逆に高温側は電子が減るので正に帯電します。そのため、低温側が負で高温側が正の電位差が発生します。この電位差は、電子が高温側から低温側へ移動しにくくなるように生じています。結局、温度差による電子のエネルギーの差と、電位差による電子の移動しにくさが釣り合ったところで、一定の電位差を示すことになります。この電位差を「熱起電力」と言います。

熱電対の原理

熱起電力はこのように、もともと1つの材料の両端の温度差で、1つの材料の内部で生じる起電力ですが、実際にその両端に生じる熱起電力を測定するためには、それぞれの両端に別の金属を接続しなければなり

ゼーベック効果

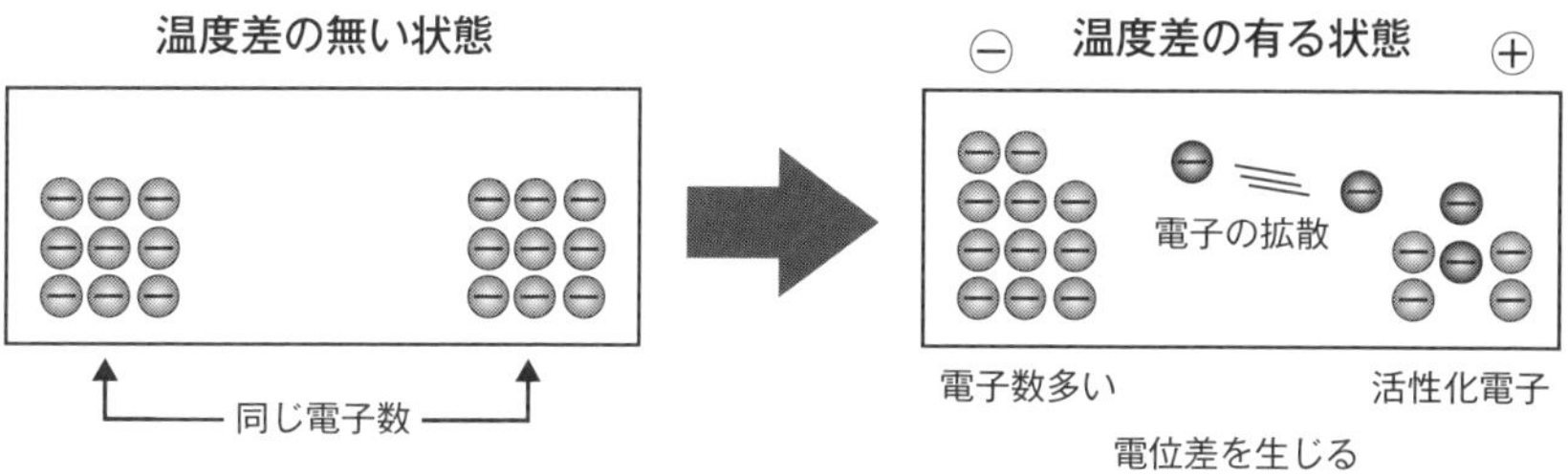

ません。当たり前ですが、その接続した部分はそれぞれ同じ温度になるので、熱起電力を測定するために接続した金属もまた、その両端に熱起電力を発生させることになります。今、異なる材料の金属や半導体の両端をそれぞれ接続して1つの閉じた回路を作って、両端を異なる温度に保ってみましょう。すると、この閉じた回路内を電流が流れるようになります。それは、それぞれの材料の両端に、それぞれの材料の熱起電力の差が生じ、それらの大きさが異なるため、回路全体として電圧が発生することになり、それをもとに電流が流れたのです。

　回路を電流が流れるということは、回路から電気的仕事を取り出すことができるということです。この電

一口メモ

　熱起電力は温度が変化している所で発生する。熱起電力を利用した温度計を熱電対と呼ぶ。熱電対は構造が単純で信頼性が高いので広く用いられている。

　JIS規格で決められていて、K、T、Rなどのタイプがある。

気的仕事はもともと温度差から来る熱の移動が変換されたものなので、熱→電気的仕事に他なりません。したがって、その変換効率もカルノー効率の制約を受けることになります。

ところで閉じた回路では両端を接続していましたが、片方の接続をやめて、その間で起電力を測定すれば、それぞれの材料の熱起電力の差が観察できます。温度差を熱起電力差として計測する、これが熱電対の原理です。熱電対は異なる材料を接続し、それを測定したい温度に保ちます。その状態で接続していない側の電圧を測定します。発生する電圧は、接続部分の温度に依存するので、電圧を測定すれば、温度がわかることになります。勘違いしやすいのは、測りたいところに設置した接続部分で電位差が生じているのではないということです。熱起電力はあくまでも、温度変化によって生じるので、温度が変化しているところでのみ、発生しています。熱電対は構造が単純で高い信頼性が得られるので、広く用いられています。

熱起電力に関してよく知られていることは、銅とビスマスを用いた熱電対を作り、接続部分をそれぞれ氷水と沸騰水に浸すと、8ミリボルトほどの熱起電力が生じます。小さい数字ですが、一定に保つことができます。この回路の一部に抵抗としていろいろなサイズの銅線を繋ぎ、その時に流れる電流を評価して「オームの法則」が発見されたのです。

熱電対の種類

左の表に代表的な熱電対の種類と特徴を示します。JIS（日本工業規格）に規定されている熱電対は8種類です。記号で表わされますが、Kタイプのクロメル・アルメルがよく使われます。より低温で精度高く温度測定したい場合はTタイプ、逆に高温で長時間安定に測定したい場合はRタイプが用いられます。

コーヒーブレイク

ゼーベック効果の逆としてペルチェ効果があります。これは異なる金属や半導体を接合して一定の温度の元で電流を流すと、接合部で発熱あるいは吸熱が起こる現象です。電気で吸熱させられるので、今は冷却に用いられることが多いようです。

熱電対の原理

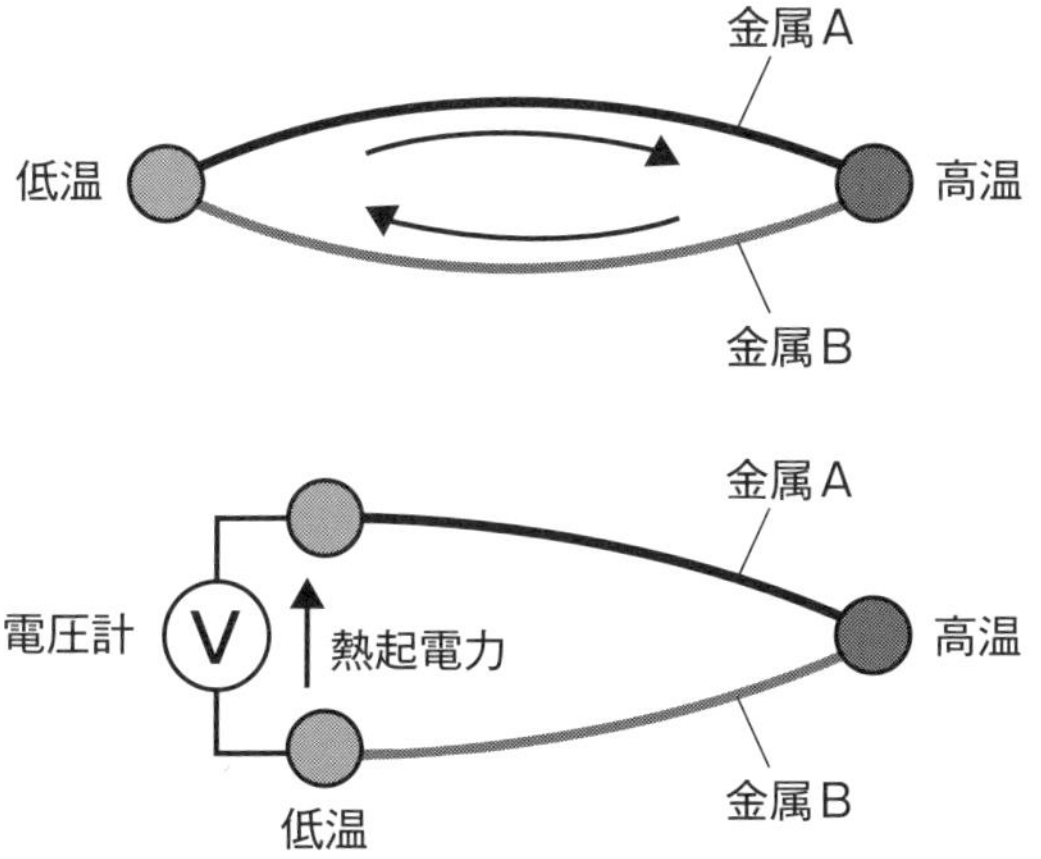

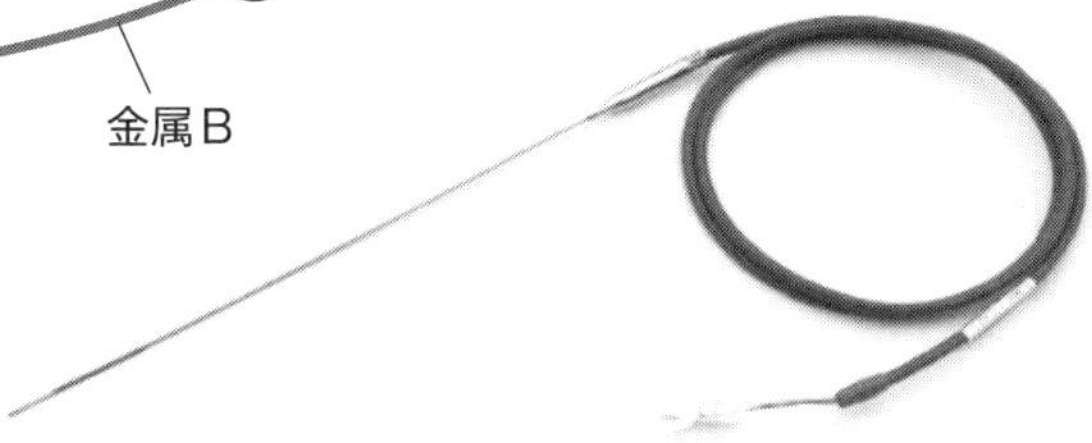

主な JIS 規格熱電対

種類の記号	構成材料		使用限度範囲	過熱使用限度	特徴
	+極	−極			
K	ニッケル及びクロムを主とした合金（クロメル）	ニッケルを主とした合金（アルメル）	−200℃〜1000℃	1200℃	温度と熱起電力との関係が直線的。工業用としてもっとも多く使用される。
T	銅	銅及びニッケルを主とした合金（コンスタンタン）	−200℃〜300℃	350℃	電気抵抗が小さく、熱起電力が安定。低温での精密測定に広く利用される。
R	ロジウム13%を含む白金ロジウム合金	白金	0℃〜1400℃	1600℃	高温不活性ガス、および酸化雰囲気での精密測定に適している。

27 放射温度計と熱輻射

すべての物質は赤外線を出している

手のひらを頬っぺたに引っ付けないで、近付けてみてください。近付けるだけで、温かさを感じます。また最近はやらなくなってしまいましたが、たき火に近寄ると、けっこう離れていても、熱さを感じるものでした。物体はその表面から熱を放出しています。これを「熱輻射」と呼びます。誰でもわかるのは、太陽から地表に届く熱です。太陽と地球は1億4960万キロメートルあって、その間は真空ですが、太陽の表面から放出された熱が、宇宙空間を通って、地表に届くわけです。これは熱が体を伝わってくる「熱伝導」とは明らかに違います。

物体が放出しているのは「赤外線」です。赤外線とは、光(電磁波)の一種ですが、私たちには見ることができません。光は波長によって分類されますが、私たちが見ることができる光は「可視光」と呼ばれ、0.4マイクロメートルから0.7マイクロメートルの波長範囲に相当します。マイクロメートル(μm)は百万分の1メートルのことです。波長が短い方から、紫、藍、青、緑、黄、橙、そして長い0.7μm近辺の波長の光は、私たちには赤色に見えます。

赤外線は、さらに波長の長い光で、0.7μm〜1mmにおよぶ広い波長範囲の光のことを言います。赤色の外にあるので、「赤外線」と呼びます。絶対零度より温度の高い物体はすべて赤外線を放出しています。

私たちが手のひらやたき火、太陽から感じるのは、この赤外線が皮膚にあたって皮膚を温めるからです。物体が放出する赤外線の波長は、温度によって異なります。そのため、放出される赤外線の波長を計測する

電気ストーブは赤い

ことにより、逆に、その物体の温度を知ることができます。これが放射温度計の原理です。

溶鉱炉の温度測定がきっかけ

19世紀後半、製鉄業が盛んに行われていました。製鉄業では、石炭と鉄鉱石を溶鉱炉に入れて加熱し、高温で溶かして酸化した鉄を還元して、金属鉄を作っていました。このときに温度を何度に保つのかが、鉄の品質にとってきわめて重要だったのですが、当時、数千度を測定できるような温度計はありませんでした。そのためもっぱら技術者の経験が頼りでしたが、これは溶鉱炉内の色で判断していました。６００℃程度の低温だと暗い赤色で、温度が高くなるにつれて黄

一口メモ

放射温度計は、物体から放出される赤外線や可視光線の強度さを測定して元の物体の温度を測る。

対象物に接触させる必要がなく、高速に測定できる長所がある。価格も下がり手軽に利用されるようになってきた。

色く白くなっていきます。

　家庭用の電気ストーブの発熱体は、ニクロム線や炭素材料が用いられていますが、点けてみると赤い色をして発熱します。これは発熱体の温度が800〜900℃くらいであることに対応しています。白熱電球は白いですが、その温度は2500℃くらい、太陽は結構白くて6000℃にもなります。

　そしてその光には、いろんな波長の光が混ざっていることがわかってきました。どのような波長の光がどのような割合で混ざっているかが、温度によって決まっているのです。

温度が高いと波長の短い光が多くなる

　図に250Kから6000Kの温度の物体が放出する光に含まれる光の波長と相対的な強度（放射強度‥どれくらいの割合で含まれるか）を示しました。温度が低い場合には波長の長い光を多く含んでいますが、温度上昇とともに、波長の短い光が多く含まれることがわかります。この分布がわかれば、もとの温度が推定できます。太陽の表面温度は、実際に測定することはできないので、この方法によって、6000K程度と推定されているのです。

　放射温度計は検出に用いる素子により熱型と量子型（光電型）に分類されます。熱型は素子が赤外線を吸収した時の温度変化を検知します。一方、量子型は半導体をうまく使って赤外線を熱ではなく光として検知しています。

　放射温度計は、測定したい物体に接触させることなく温度が測定できるので、太陽の温度でも測れますし、溶鉱炉の温度も離れた場所から観測できます。また光を測定するので、高速に測定できるなどの長所があります。最近は、価格も下がり、手軽に利用されるようになってきました。

コーヒーブレイク

　溶鉱炉から放出される光の波長と強度の関係は、19世紀末までの物理学の理論では説明できませんでした。

　ドイツのマックス・プランクは「エネルギーはトビトビにしか取れない」という仮説をたてて説明しました。これが量子論を生み出すきっかけになりました。

光（電磁波）の種類

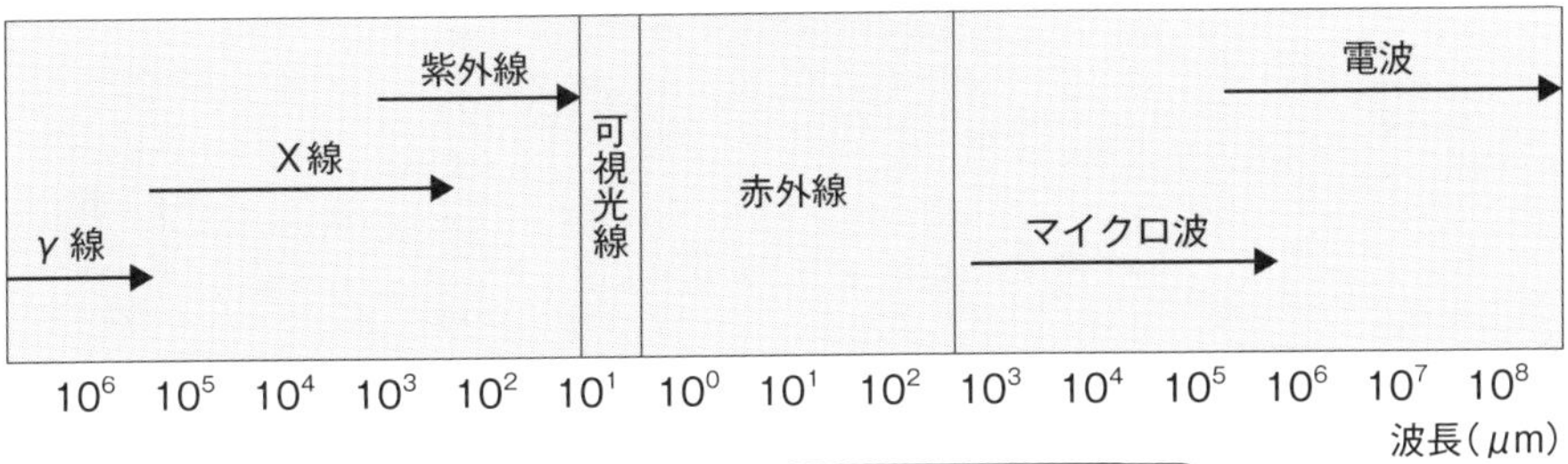

物体の温度と放出する光の波長の分布

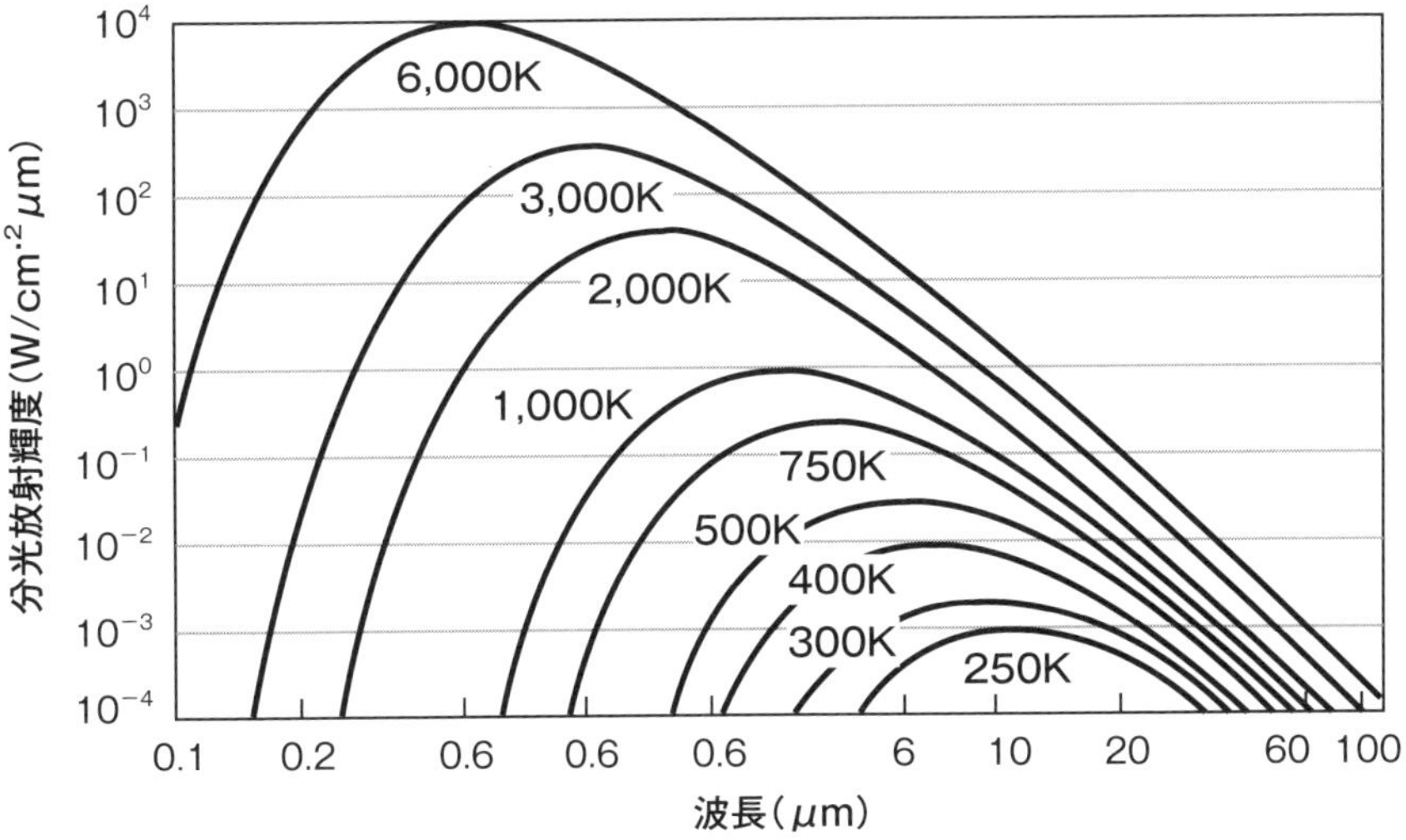

28 熱はこうやって伝わっている

熱移動の三原則

電気ストーブや太陽光からは、光として熱が運ばれています。一方で、温度の高い物体と低い物体が接触すると温度の高い方から低い方へ熱が移動することはよく知っています。また、味噌汁を加熱すると鍋の中で味噌がモヤモヤと底から湧き上がってきて全体に温まっていきます。本節では、熱の移動の方法について考えてみましょう。

熱移動には三原則があります。熱伝導、対流、熱輻射（熱放射）です。私たちに馴染みがあるのは熱伝導で、次が対流で、熱輻射だと思っていませんか。実は、平均すると熱輻射による割合が75％にもなり、次に対流が20％、身近に思われる伝導はわずか5％程度しかないとされています。

伝導・対流・輻射の3つ

「伝導」とは、互いに接触した温度の高い物体から低い物体へと熱が移動することです。伝導によって、高温の物体と低温の物体の温度差は次第に小さくなり、最終的に温度が等しくなって熱の移動は止まります。接触式温度計では、この伝導の性質を利用して対象物体と温度計が同じ温度に達した状態で温度を測定しています。

「対流」は、水や空気などの流体が暖められると密度が下がって軽くなって上昇し、冷やされると密度が上がって重くなって下降することによって循環することです。この循環によって熱が伝えられます。ヤカンや鍋の中に水を入れて下から加熱すると、加熱されている底の方の水の温度が上がり、密度が下がって軽く

熱移動の三原則

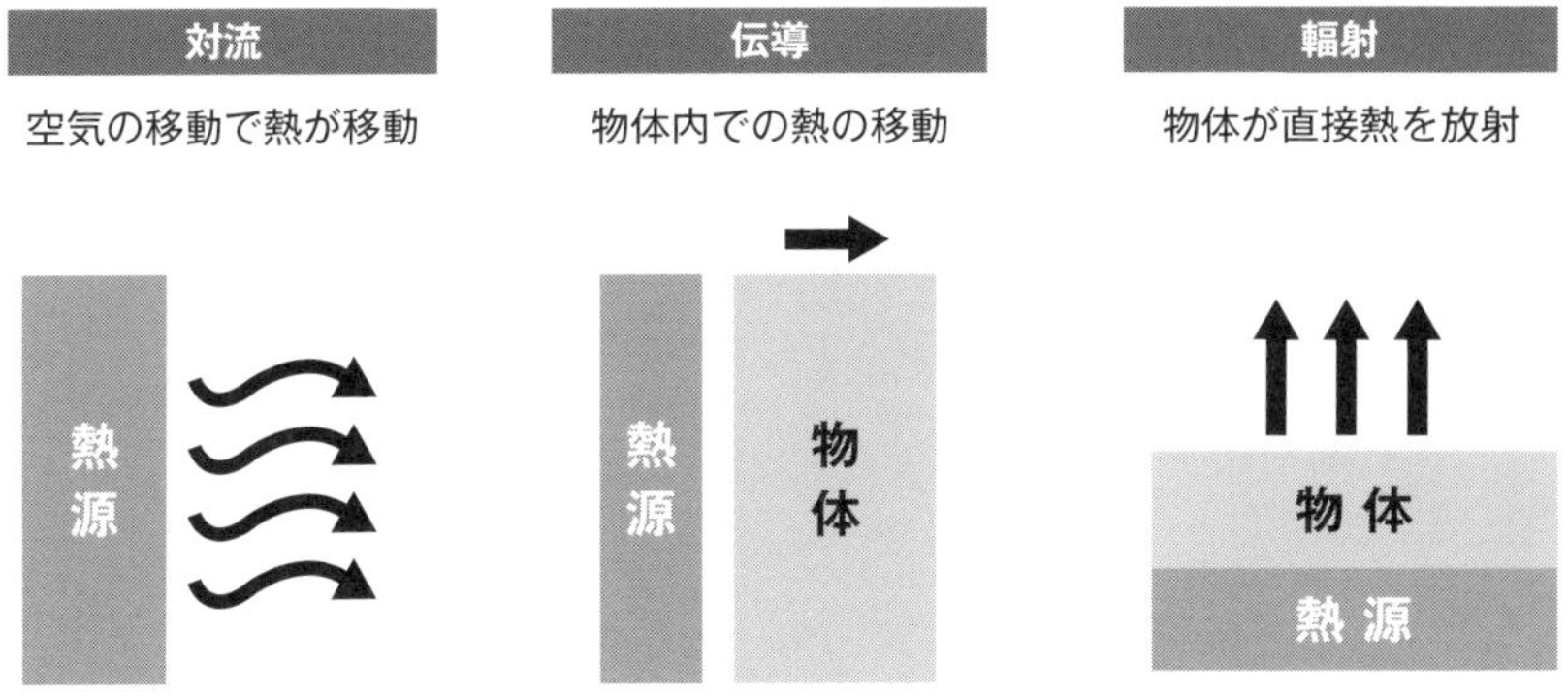

なり、水の対流が起こって全体として温度上がっていきます。エアコンは、温風あるいは冷風を作り出して、それを強制的に対流させて、部屋の温度を均一に制御しています。

熱伝導と対流は、いずれも物質が熱の運び屋として働いていますが、熱伝導が物質の移動を伴わないのに対して、対流は物質の移動を伴うという違いがあります。

最後が「熱輻射」です。光（電磁波）によって熱が運ばれるので、物質の存在しない宇宙空間でも熱輻射は起こります。そうでなければ、太陽からの光のエネルギーは地表に届くことなく、地表は冷たく凍った死の世界だったでしょう。またこれを使った技術として

一口メモ

熱は伝導、対流、輻射の3つの形態で移動する。いずれも熱は温度の高い方から低い方へ必ず移動する。熱移動は平均すると、熱輻射が75%、対流が20%、伝導は5%と言われている。

は、最近はなくてはならない電子レンジがあります。電子レンジでは、2・45ギガHz（ギガは10億倍）の電磁波を庫内に照射しています。電子レンジの庫内に入れた食品は電磁波を照射されて、食品中の水分子が振動して、その摩擦熱によって温まっています。

羽毛布団とサウナは空気のおかげ

冬になると羽毛布団に重宝します。羽毛布団が、綿布団に比べて温かいのはなぜでしょうか。部屋の温度は同じですから、羽毛布団も綿布団も同じ温度のはずです。答えは熱伝導の違いにあります。羽毛は、寒いと膨らんで開いて、たくさんの空気を含みます。乾燥した空気の熱伝導率は0.024W/mKと非常に小さくて、熱を伝えにくいのです。熱を伝えにくいために体温から伝わった熱が布団から逃げにくくなって、そのために温かく感じるのです。つまり羽毛の役割は、乾燥空気をたっぷりと含むことなのです。

90℃のサウナに入っても火傷をしないのも、実はこの空気の熱伝導率が低いことが一役買っています。私たちの皮膚のすぐそばには厚さ数ミリ程度の空気の層があります。この空気の層はすでに述べたように熱伝導率が悪く、周りが熱くても熱がゆっくりしか伝わってこないのです。これがお湯の中だったら、空気の層はもちろんないので、皮膚のすぐ外がお湯の温度になり、水の熱伝導率は0.68W/mKと、乾燥空気の30倍もの速さで熱が伝わってすぐに熱く感じてしまいます。それとたくさんかく汗も皮膚の温度を下げています。汗は皮膚表面で蒸発するため、そのときに潜熱を奪って冷やしてくれます。

身近な現象だけでなく、工学的にも熱移動の制御はきわめて重要です。特に小型化が著しい電子機器では、内部に熱をこもらせないようにさまざまな工夫がなされています。

コーヒーブレイク

固体の熱伝導は、自由電子と、繋がっている原子核の振動によって起こります。そのため絶縁体であるダイヤモンドも、きわめて高い伝導性を示します。もちろん金属の熱伝導率も高く、銀、銅、金が良い熱伝導体です。

熱の伝わり方

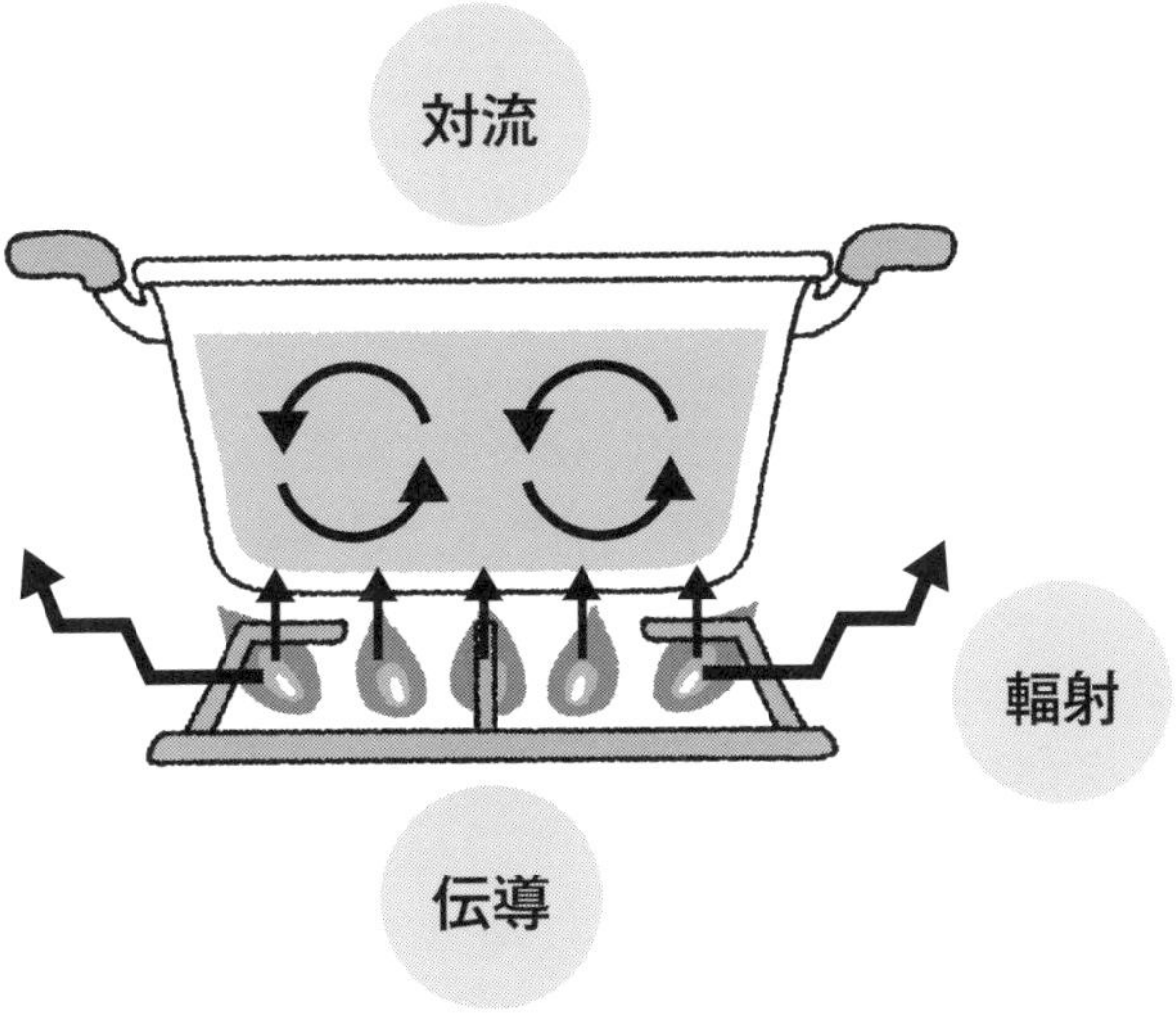

空気は熱を伝えにくい

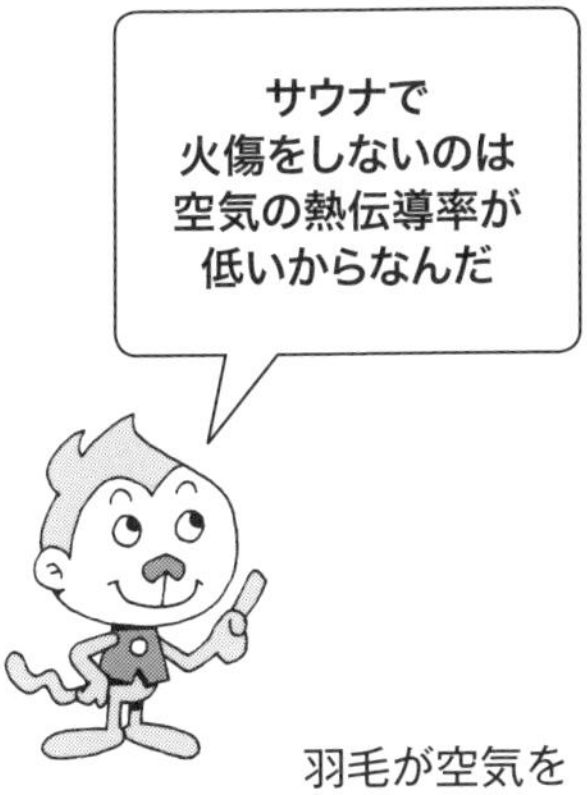

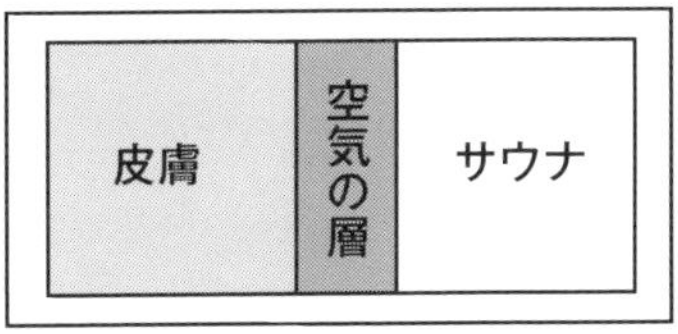

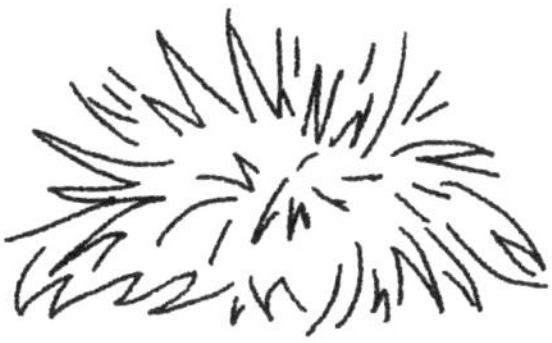

羽毛が空気を
たくさん保持している

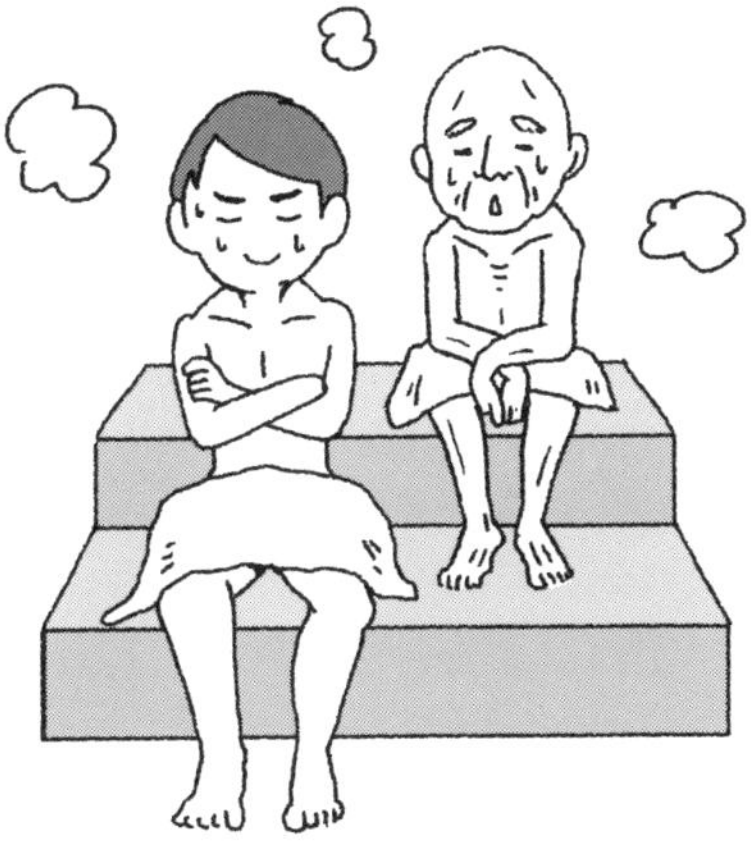

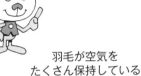

Column

新しい熱力学温度の定義（その3）

単原子気体に限らず、より一般的に、温度 T にある物質において、1 自由度あたり $\frac{1}{2}k_BT$ のエネルギーを持つことが知られています。これを「エネルギー等分配の法則」と言います。温度というマクロな量を用いて、原子や分子というミクロな物体の個々のエネルギーが与えられるのです。そして、これが新しい熱力学温度の定義の根拠に他なりません。

新しい熱力学温度の定義では、ボルツマン定数が精度良く与えられて、エネルギー等分配の法則を元に導かれるさまざまな関係式、たとえば、理想気体の状態方程式！や音響共鳴と音速の関係、電子の熱雑音の周波数依存性、光の放射強度の周波数依存性などは、新しい定義と同じ原理から導出されているので、どの方法も等価で、しかも直接、定義にしたがって熱力学温度を測定しているとして良いのです。これまでの水の三重点で定義されていた時には、正しいのは水の三重点のみであり、他の測定はあくまでも参照対象でしかありませんでした。

また、エネルギー等分配の法則は特定の物質に限定されることがないので、より一般的な、普遍的な定義であるといえるかもしれません。とはいうものの、$\frac{1}{2}k_BT$ であっても、単位温度は水の氷点と沸点を百分割したものと一致させたという過去は背負ったままです。だからこそこれまでと同じように温度測定できるのです。物理量はどれも完全に普遍的ということはありえず、必ず何か基準が必要です。ところが、普遍的であろうとするために、その大元がどんどん見えにくくなっていくというジレンマがあります。今回も新しい定義になると百分割はほとんど意識されなくなってしまいます。

第4章

やはり熱が本質だった

29 真空膨張は戻れない?

一見熱と関係なさそうな現象もたくさんある

20節で、熱の移動や摩擦熱の発生など、私たちが熱的な現象として認識できる自然現象は、トータルとして熱の価値が低下する方向に変化することがわかりました。でも世の中には、熱と関係はなさそうですが、一方向にしか変化しない現象もたくさんあります。たとえば、8節で記したような吸熱反応や、水性インクが水の中で広がっていったり、1カ所で発生したガスが空気中へ広がっていく拡散現象などがあります。これらの逆の現象は、ひとりでに決して起こることはありません。その典型的な例としてここでは真空中への気体の膨張を考えてみましょう。

熱の価値は関係ない!?

外と熱のやりとりをしない容器を考えます。その容器は、壁で、同じ広さの2つの空間に区切られていますが、壁にはコックが付いていて、開けると気体が通れるようになっているとします。最初、コックを閉めておき、左側に気体を入れ、もう一方の右側は真空状態にしておきます。左側の気体の圧力はP、体積はV、温度はTとします。これを状態1とします。

今、コックを開けてみたらどうなるでしょうか。もちろんみなさんが予想されるとおり、気体は必ず、左側から右側へ自発的に膨張します。この時、容器は外と熱のやりとりをしていないにもかかわらず、気体の温度Tは変わりません(正確には理想気体に対してそうなります)。ただ気体が存在する空間の体積が倍の

インクやガスはどんどん拡がっていく

$2V$になります。その結果、圧力が半分の$P/2$になっただけです。これを状態2とします。左側の空間に閉じ込められていた気体は、自分の存在する空間を拡げられる状況になると、必ず膨張するのです。この現象を「気体の真空膨張」と呼びます。

気体の真空膨張では、容器と外との熱のやりとりがないので、熱の価値は向上も低下もしていないように思えます。また気体の温度も変化していないので、見かけは熱の発生も起こっていないように思えます。にもかかわらず、気体の真空膨張は自発的に起こります。つまり、熱の価値の低下と関係なく起こる、自発的変化がありそうだということです。

一口メモ

世の中には熱の価値と関係がなさそうな、一方向にしか進まない現象も多くある。水中に分散している水性インクや空気中に拡散したガスが、ひとりでに一カ所に集まることは決してない。これらは一見、熱とは無関係に見える。

真空膨張したら元に戻れない

さてこの気体の真空膨張は、本当に熱と無関係なのでしょうか。気体の状態を考えると最初の状態1 (P, V, T) から膨張後の状態2 $\left(\frac{P}{2}, 2V, T\right)$ に変化しています。この変化は、カルノーサイクルのところで学んだ等温膨張に他なりません。等温膨張は、外から熱を受け取りながら、外に仕事をすることができました。その仕事は $P-V$ 図で表せましたが、ちょうど温度 T の等温線と状態を表す点からまっすぐ下におろした線と横軸とで囲まれた面積に対応するのでした。そしてその仕事と同じ量の熱を外から受け取っていました。つまり、状態1から状態2に膨張する際に、外から熱をもらいながら膨張すれば、外に対して仕事をすることができるのです。

さらに重要なことは、この等温膨張は、逆の過程を通れば、すなわち、温度 T で等温圧縮すれば、外から仕事を受け取って、外に同量の熱を放出して、外も気体もまったくもとの状態に戻すことができることです。等温膨張と等温圧縮は仕事と熱の出入りする向きが逆なだけで、大きさは同じだからです。

それに対して真空膨張の場合は、膨張に際して、外から熱をもらっていませんが、仕事も取り出していません。そして、真空膨張と同じ過程で逆に進めて状態1にすることはできません。勝手に気体の体積が半分になって、半分が真空になるという、真空圧縮という自発的な過程は存在しないからです。そのため状態2から1へ圧縮する際には、外から新たに仕事を加える必要があります。そしてその仕事は熱として外に放出されることになります。つまりいったん真空膨張してしまったら、気体と外との両方が、まったくもとの状態1に戻ることはできないということなのです。

コーヒーブレイク

等温膨張は気体も外もまったく元の状態に戻ることができると書きましたが、実は条件があります。それは等温膨張の際に、気体が外から熱を受け取るのですが、外と気体との間にはほとんど温度差がない状態でないといけないのです。これは「準静的変化」と呼ばれます。

気体の真空膨張

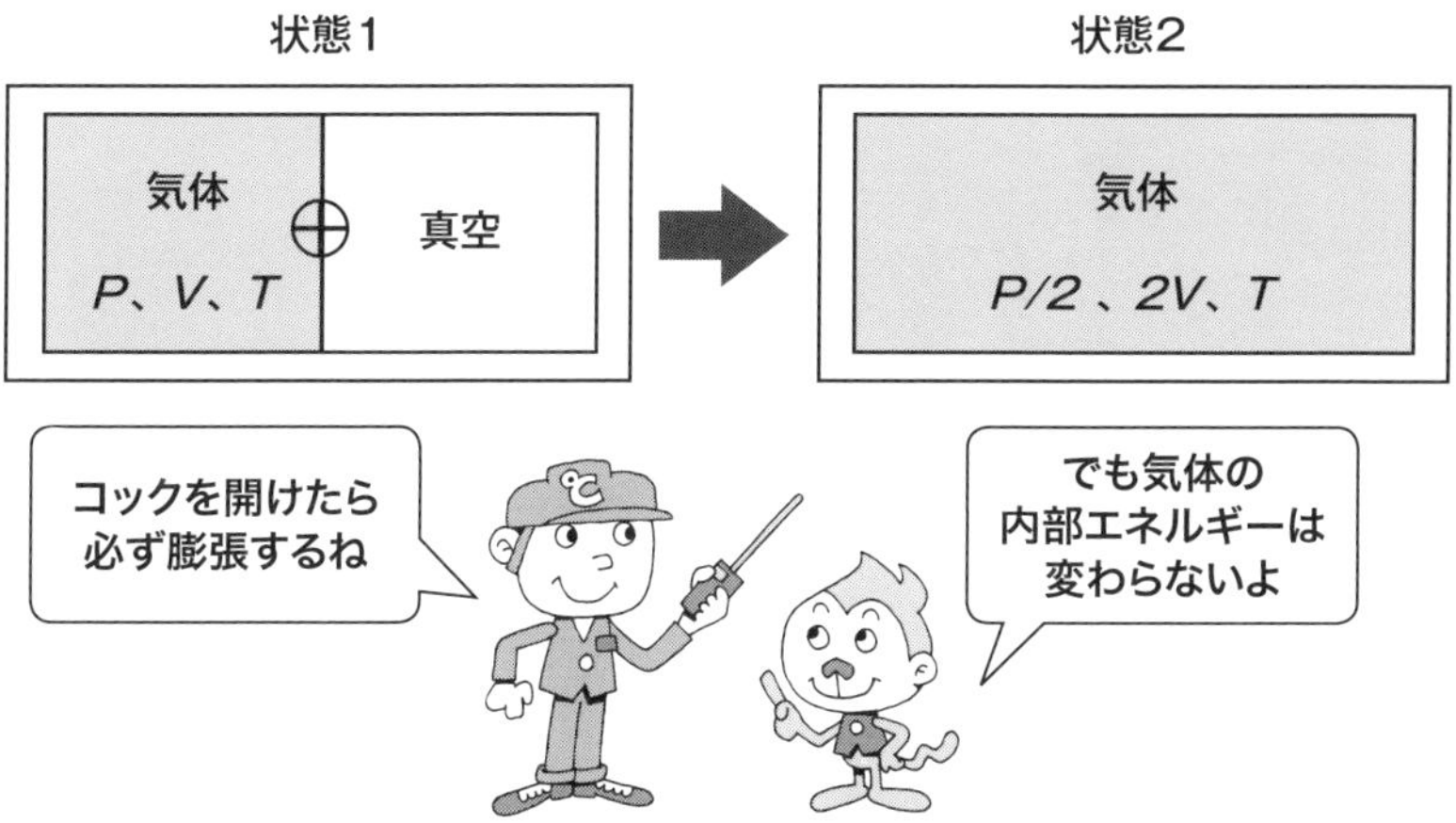

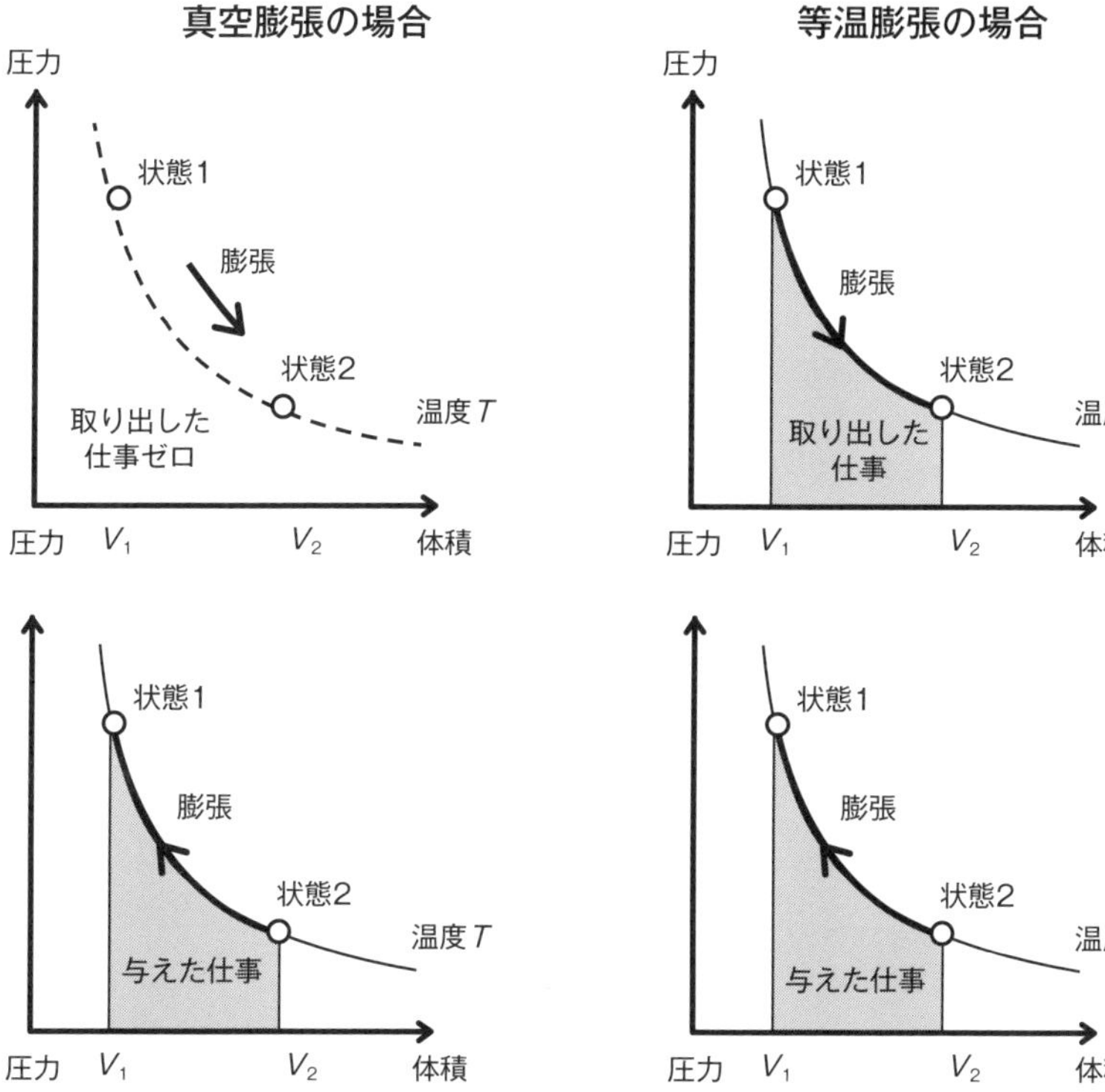

気体は元に戻るけど、
外は仕事をしたまま

外も気体も元に戻る

30 ひそかに発生する熱 ―やっぱり熱が変化の方向を決めていた―

等温膨張の場合、膨張後に温度Tでいるためには、外に仕事をした分、外から熱をもらう必要がありました。真空膨張の場合は、膨張したにもかかわらず、温度はTのままで、外から熱をもらっていません。実は、外から熱をもらわない代わりに、気体自身の仕事をする能力を、気体内部で熱に変えていたのです！ 仕事をする能力を気体内部で熱に変えて発生させたので、外から熱をもらわずにすんでいたのです。

外との熱のやりとりはないし、気体の温度も変わらないので、真空膨張は熱とは関係のない現象だと思われています。しかし中の気体に注目すると、実は、仕事をする能力を、容器内で熱に変えて温度を一定に保っていたことがわかります。つまり、仕事をする能力→熱の発生というように、やはり熱が関与していたのです。

仕事をする能力が熱に変わる

前節からの続きです。同じ状態1から2への膨張であるにもかかわらず、真空膨張の場合は、外からの熱を受け取っていない代わりに、外に対して仕事もしていません。ここで注意したいことは、気体の膨張前後の状態は、等温膨張も真空膨張もいずれも同じということです。気体の状態変化だけに注目すると、状態1から2への膨張で気体の体積は増えたので、気体は外に対して仕事をする能力を持っていると言えます。等温膨張の場合には外からの熱を仕事に変えています。それが真空膨張の場合は、その能力を発揮しないまま、状態2に膨張してしまったわけです。

では真空膨張の場合、その、気体が仕事をすることができた能力はどこへ行ってしまったのでしょうか。

外との熱のやりとりはないけれど容器の中で熱が発生

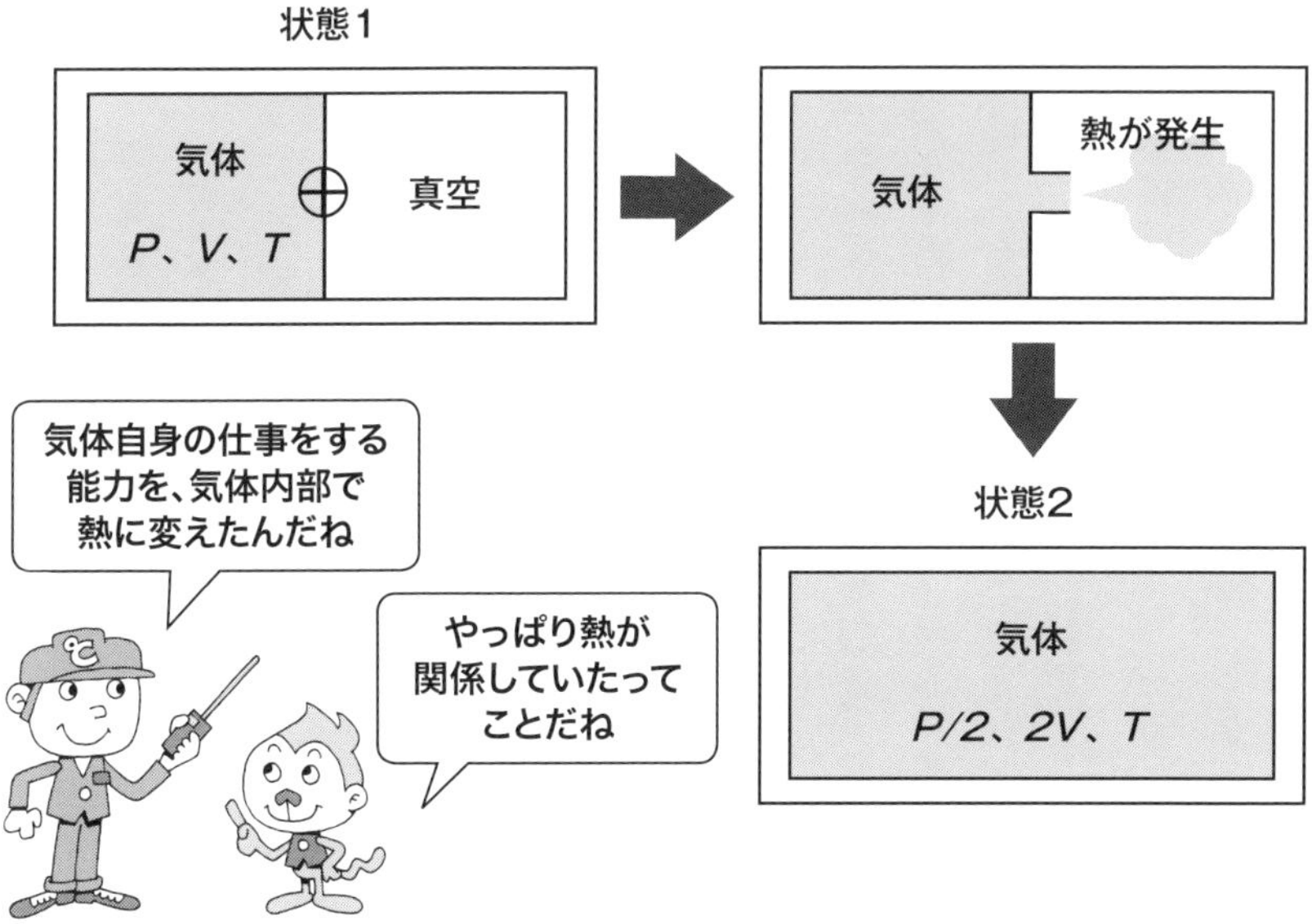

自然現象の変化の方向は熱が決める

熱の価値の低下を顕わに観測できない、物質の拡散や吸熱反応は、このように、ひそかに発生した熱が本質的な役割を果たしています。11節で熱の種類を述べましたが、本節で取り上げた、ひそかに発生する熱は取り上げていませんでした。しかしそれらの中では、9節でとりあげた摩擦熱がもっとも近いでしょう。実際に、真空膨張の場合にひそかに発生する熱は、コックを開いた際に、気体が真空中に膨張して、その際に気体の持つ粘性による乱流の発生や容器の壁への衝突によって生じています。

仕事は、温度無限大の熱に相当する価値を持ってい

一口メモ

本来、その状態が持っている仕事をする能力は、外に取り出さなかったら内部でひそかに熱に変わっている。仕事は無限大の温度の熱と見なせるので、仕事をする能力が熱になって失われることも熱の価値の低下になる。

ますが、ひそかに発生する熱は、有限の温度で発生します。今の真空膨張の場合には、温度Tでひそかに発生していて、それは無限大の温度よりも必ず低くなります。つまり、仕事をする能力が熱に変わった時点で、価値が下がったと言えるでしょう。やはり、自発的に進行する変化は、熱としての価値の低下を伴うのです！

そしてひそかであろうが、顕わであろうが、いったん熱になってしまったら、あとは熱としての価値が低下する方向に変化するのです。

不可逆現象の本質

熱の移動や発熱反応など、熱の価値の低下が観測できる現象に加えて、ひそかに発生する熱も含めて、自然現象が変化する方向は、熱が決めているといってよいでしょう。私たちの身の回りで起こる現象は、ほぼすべて全体としては、元に戻ることのできない現象ばかりです。そして元に戻れない本質的な原因は、熱としての価値の低下です。つまり、どのような活動を行っても、最後には必ず熱になってしまうということです。

全体として、元に戻れない現象を不可逆現象と呼びますが、不可逆現象の本質に熱は密接に関係していると言えるのです。

しかし、本節が取り上げたような「ひそかに発生する熱」は認識しにくいので、熱力学という学問では、「エントロピー」という新しい概念で説明します。つまり「熱の価値の低下」を「エントロピーの増大」と表現するのです。

ただし、どのような用語を用いて表現したとしても現象の本質は同じです。本書ではエントロピーという用語を用いずに、熱の価値として説明しました。

コーヒーブレイク

熱は普遍性と特殊性の二面を併せ持ちます。普遍性は仕事と同じくエネルギーの移動が一形態であることです。

一方、特殊性は変化の方向性を表すことで、これは仕事にはない、熱のみの特別な性質です。

仕事をする能力が内部でひそかに熱に変わっている

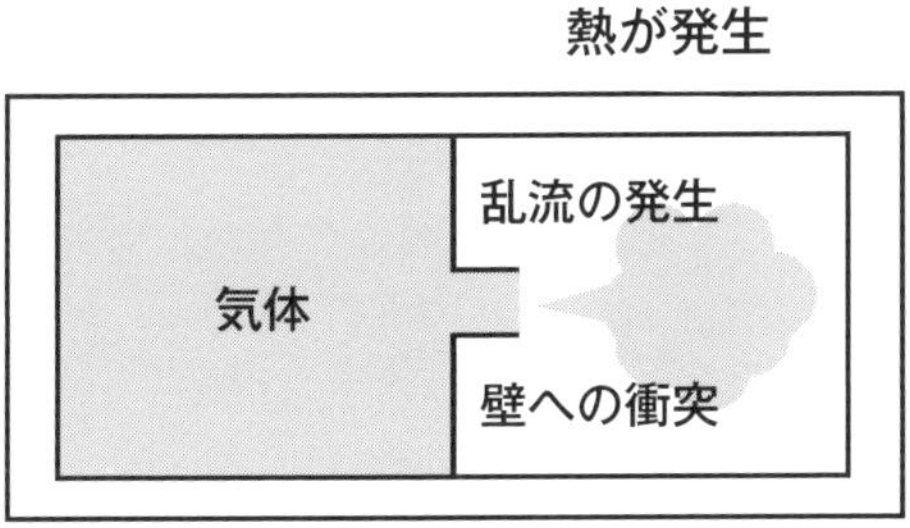

不可逆現象に熱は深くかかわっている

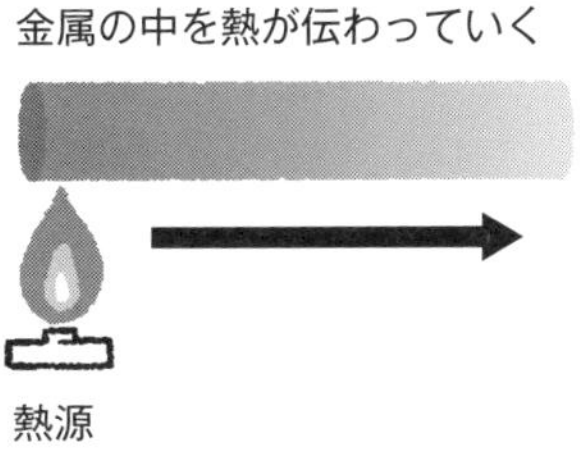

31 地球は熱を宇宙に捨てている

地球のエネルギーバランス

地表での活動は最終的にはすべて地表での熱に変わっています。私たちは、太陽から太陽光という形で、地表でエネルギーを受け取っていることは実感しています。けれども、地表からエネルギーを熱輻射という形で宇宙に捨てていることを認識していることは少ないでしょう。さらに、熱輻射だけでなく、雨も地表のエネルギーを宇宙に捨てることに役立っていることは、ほとんどご存じないと思います。

地表は太陽から1.2×10^{14}キロワットのエネルギーを太陽光のエネルギーとして受け取っています。そして、同量のエネルギーを宇宙空間に捨てています。これが釣り合っておらず、たとえば、太陽からのエネルギーの方が大きければ、エネルギーが蓄積されることになり、地表温度はどんどん上昇してしまいます。

地表から熱を捨てる方法

地表から宇宙空間に熱を捨てる方法の1つが、熱輻射です。宇宙の温度は絶対温度で3ケルビン、摂氏マイナス270℃といわれています。したがって、それよりも温度の高い地表や大気からの熱輻射によって、地表のエネルギーを宇宙に熱として捨てることができます。その他に、熱伝導と大気の移動（対流）によっても熱を移動させています。

それらに加えて、地球に特有なのは、水による熱の運搬です。7節で潜熱について述べましたが、水が蒸発するとき、大きな熱を吸収します。これが水の蒸発熱です。雨が降ってできた水たまりも、太陽が当たるとみるみるうちに蒸発して無くなっていきますね。水

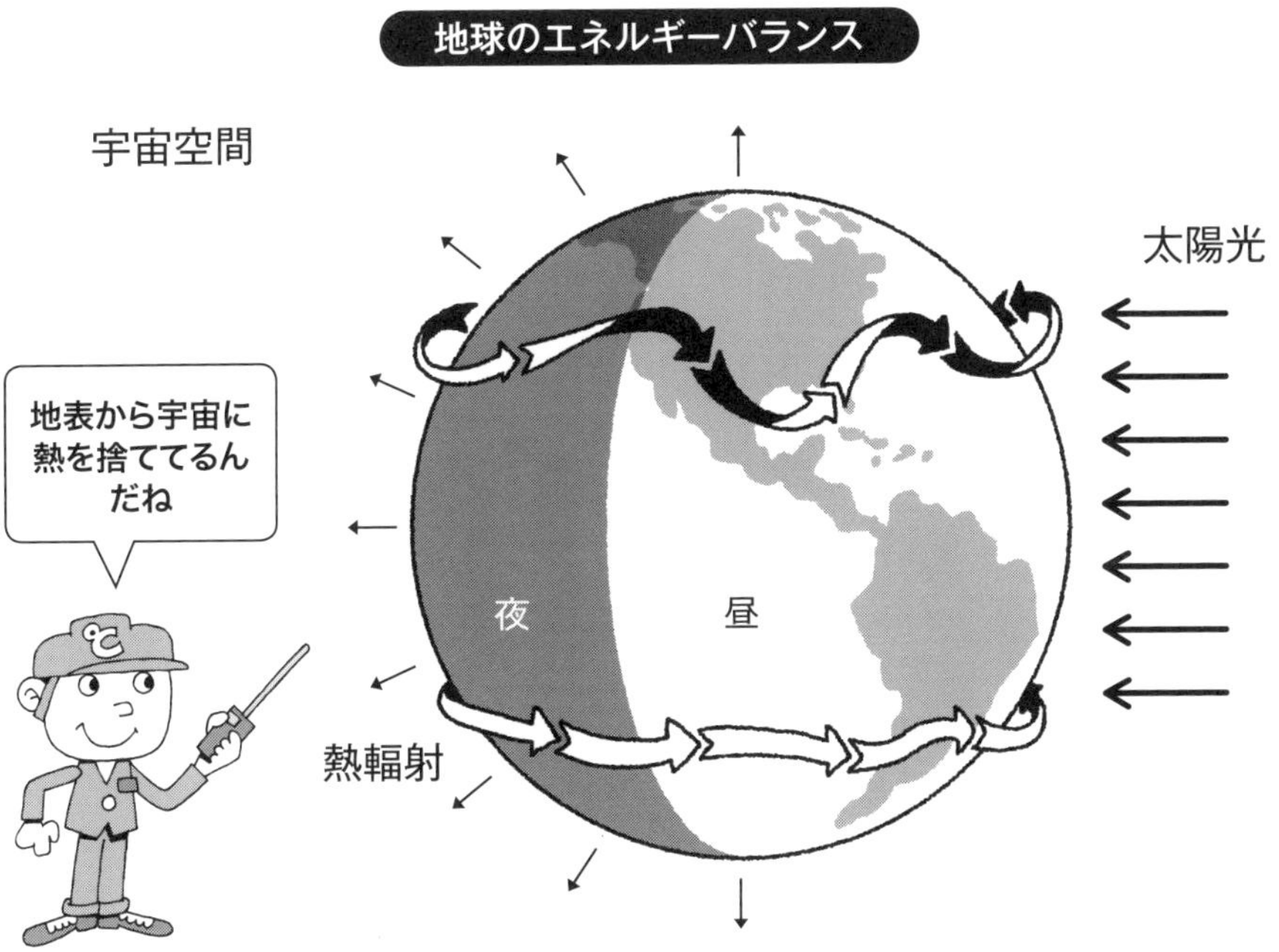

が熱を吸収して水蒸気になっているのです。

そして、これも驚くべきことですが、地球の大気は窒素と酸素でできていて、水蒸気はそれよりも軽いので、いったん蒸発して水蒸気になったら、軽いので、大気中を上昇して昇っていくのです。ドンドン上っていく過程は、熱のやりとりをしない断熱過程に近くなり、気圧も薄くなるので膨張します。つまり断熱膨張が起こります。

カルノーサイクルのところで述べたように断熱膨張では、気体の温度が下がるのです。つまり水蒸気は冷えるのですが、水蒸気は冷えると凝縮します。この凝縮は宇宙空間に近い大気上空で起こり、そのときに蒸発熱とは逆に凝縮熱を放出します。大気上空で熱を発

一口メモ

太陽から地表が受け取るエネルギーと、地表が宇宙空間へ捨てるエネルギーは釣り合いが取れている。地表から宇宙空間へは、熱輻射や熱伝導、対流に加えて地表面垂直方向の水循環も重要な役割を果たしている。

生するので、結果として宇宙へ熱を捨てることになります。凝縮した水蒸気は、水滴になって重たくなって地表に落ちてきます。これが雨です。そしてまた水たまりを作って、地表の熱をもらって水蒸気になり…と、循環し続けるのです。

結局、水は大気中を循環することにより、地表の熱を大気上空に持っていき、宇宙へ捨てる役割を果たしているのです。雨が降ると濡れて嫌なことが多いですが、文句も言わず、地表の温度を一定に保つために、ただひたすらくるくると循環している水のことを考えると、雨にも感謝しなければならないですね。

台風は赤道付近の熱を運ぶ

水と関係した熱の移動に台風があります。台風は赤道付近で発生し、高緯度域に移動して消滅します。台風のあの強烈な運動エネルギーのもとは、海上の水蒸気の凝縮熱です。赤道付近の海面近くの温かい水蒸気が、いったん上昇気流を作ると、先ほど述べた断熱膨張を起こし温度が下がりますが、水蒸気の量が多いので、大量に凝縮することになります。そのため大量の雨が降るのです。そのとき、大量の熱が発生します。これが台風の運動エネルギーの元です。

つまり赤道付近の海面のエネルギーを引き連れて、高緯度のエネルギーの低い場所に移動して、赤道付近の高いエネルギーを、高緯度域の低いエネルギーの場所に運んでいるといえ、台風もまた地表のエネルギーバランスに貢献しているのです。加えて台風には海面付近と深層の海水をかき混ぜる効果があります。大気と異なり海水は垂直方向にはなかなか混ざりません。台風は暖かい海面付近の水と冷たい深層の海水を激しく混ぜることによって、海の温度を均一にする大きな役割を果たしています。

コーヒーブレイク

大気中の水蒸気は雲をつくって、地球に入ってくる太陽光の30%を反射しています。また、水蒸気は温室効果ガスで、この効果で地表の温度は20℃高くなり、今の平均気温15℃を保っています。このように水は地表の温度制御に重要な役割を果たしています。

水の循環による地表の熱の宇宙への廃棄

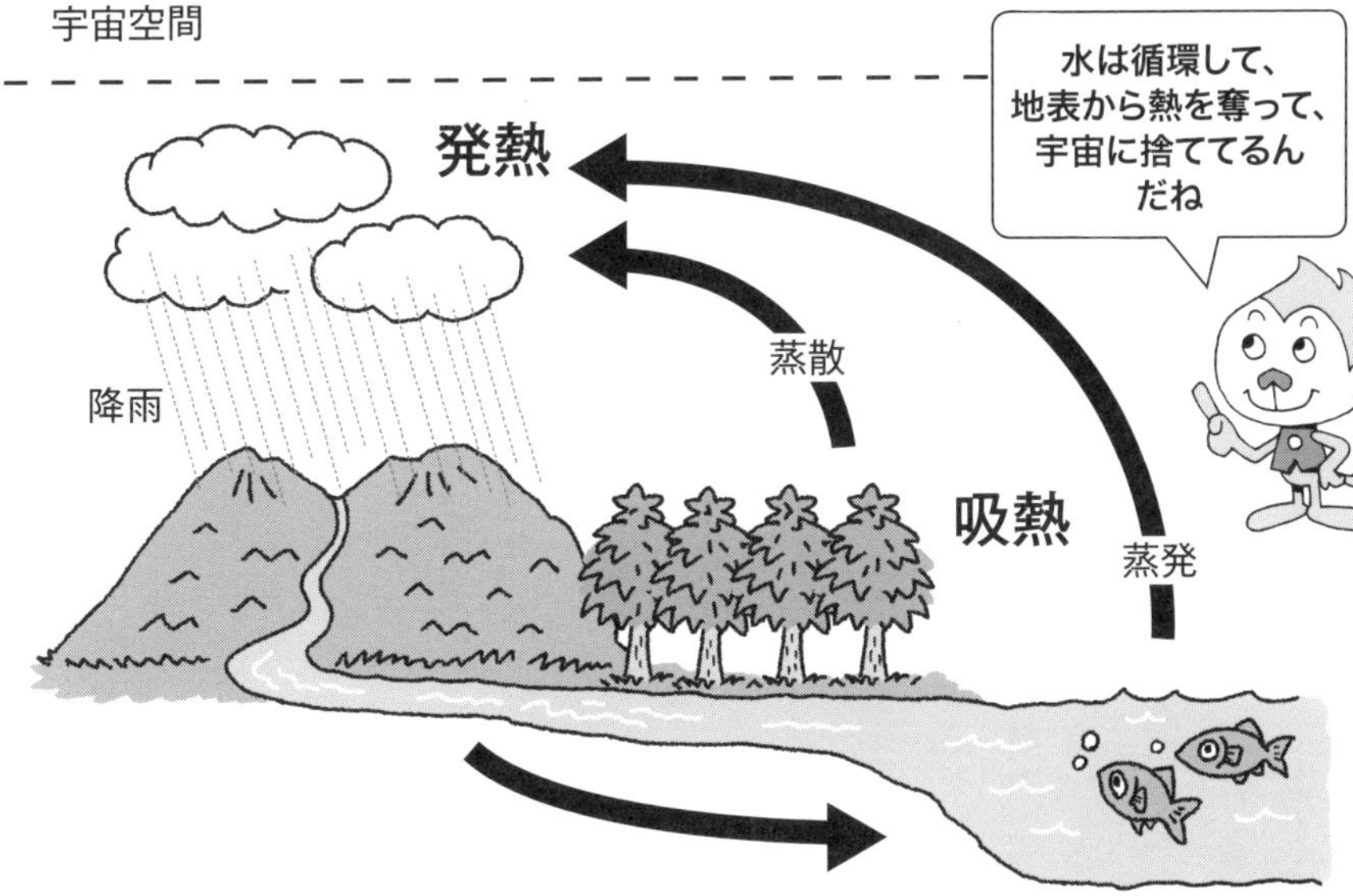

台風とその仲間による赤道付近のエネルギーの高緯度域への輸送

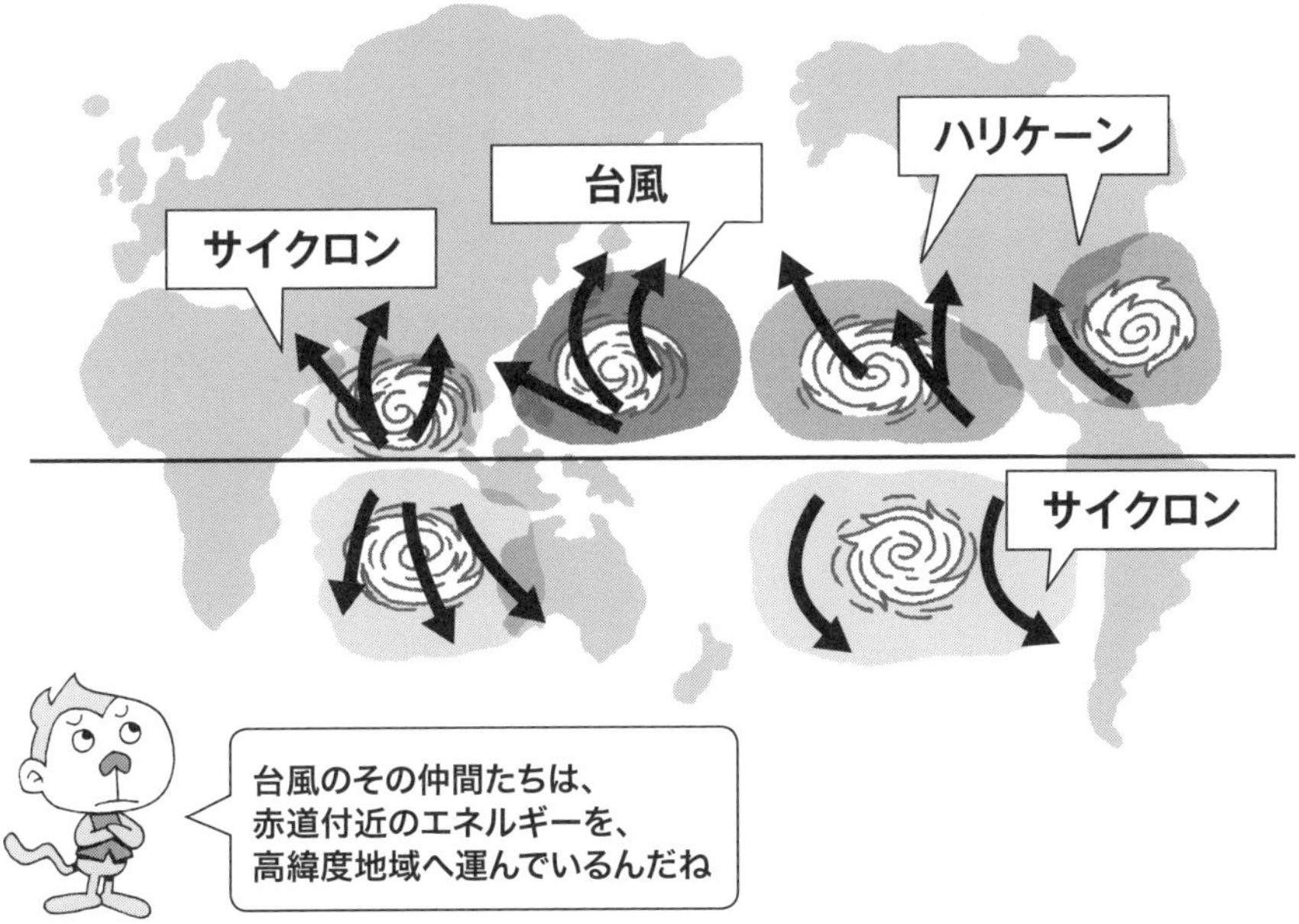

32 世の中は熱だらけ

何をやっても最後は熱

私たちは普段、いろんな活動をしています。朝起きて、家で食事を作って、食べて、片づけて掃除をして、外出して、車を運転したり電車に乗ったりして、仕事（これは物理的な仕事とは限りません）をして、テレビを見て、お風呂に入って寝ますが、このような一日の活動は、結局はすべて熱に変わっています。私たちの活動の元は、食事によってとりこんだ炭水化物（ブドウ糖）と空気中の酸素との反応によって賄われているので、炭水化物と酸素の持っている内部エネルギーを物理的な仕事や熱に変えて活動しているのですが、一度、物理的な仕事に変わったとしても、最後は熱に変わってしまっています。そしてそれは、人類全体で見ても、また人類と関係のない地球表面での活動についても同じことが言えます。

人間が化石燃料を燃やして、発電した電気を使って、電車を動かしたり、照明をつけたり、電力を使ってモノを作ったりしても、最後は熱になってしまいます。また太陽光のエネルギーが地表に入射することにより、風が生まれ、波が生じ、大気や海洋のダイナミックな活動が継続されます。しかしそれらの運動エネルギーは、最終的には熱になっています。何をやっても最後は熱です。そしてそれらの熱は、地表からの熱輻射などによって宇宙に捨てられるのです。

価値の高い太陽光エネルギー

そうすると価値の低い熱ばかりになって、活動ができなくなってしまうように思えるでしょう。それなら地球上にこんなにも生物が繁栄することはなかったで

世の中は熱だらけ

何をやっても最後は熱になる

しょう。地球は太陽からの光のエネルギーをもらっています。太陽光のエネルギーは、6000℃の太陽が光源なので、実は、とても価値の高いエネルギーなのです。そのため、その太陽光エネルギーが価値をなくすまでに仕事を取り出すことができます。取り出した仕事を社会に取り込んで活動をしますが、その結果、最終的に熱になって宇宙に捨てられます。私たちは、太陽光のエネルギーの価値が下がることをうまく利用して、社会を動かしているのです。

　太陽光エネルギーをベースにした一次エネルギーは「再生可能エネルギー」と呼ばれ、その積極的な活用が進められています。

一口メモ

　人間や動植物を含めた地表でのすべての活動は、最終的にはすべて熱になっている。地球は価値の高い太陽光エネルギーを取り入れ、その価値が下がる過程を上手に利用し、地表で活動を維持している。

エネルギー問題は価値の低下の問題

エネルギーは保存されるので、総量としてなくなることはありません。にもかかわらず、現在、エネルギー問題が世界的に深刻となっているのは、なぜでしょう。化石燃料は価値の高いエネルギーですが、燃やすことによりその化石燃料の持つ内部エネルギーを、いったん熱にしてしまうと、あとは熱の価値が下がる方向にしか、物事は進まないのです。ドンドン価値が低くなり、最終的には宇宙空間に熱として捨てることになります。つまり、エネルギー問題は、熱の価値が低下してしまう問題なのです。

そして、その熱の価値の指標が温度なのです。熱を同じ量取り出せたとしても、取り出す時の温度によって、価値がまったく違ってきます。熱を取り出す温度が高ければ高いほど、その熱の価値は高くなります。そして価値を決めるのは、仕事への変換率です。仕事にも体積仕事や電気的仕事がありますが、これらを熱に対応させると、無限大の温度に相当します。つまり仕事はきわめて価値の高い、エネルギー変化の形態なのですが、無限大の温度を考えれば、それも温度を指標として、熱と同じようにして取り扱えることになります。絶対温度を熱の価値の指標として、とらえていただくのが、自然現象の変化の方向性の本質をとらえることにつながるのです。

熱を通して現象の本質を見る

本書では熱と温度について述べてきました。熱は驚くほど、私たちの周りで起こる自然現象の本質と深くかかわっています。特に、変化の方向性を決定づける唯一のパラメータです。皆さんは身近な現象や技術を熱と温度という観点から見直してください。現象や技術の本質に迫ることができると思います。

コーヒーブレイク

本文でも用いましたが「再生可能エネルギー」という用語は、本当はおかしいのです。なぜなら、すべてのエネルギーは価値を低下させるので、再生できるエネルギーなどは存在しないためです。しかし、すっかり定着してしまったようなので、このまま使われるでしょう。

太陽光のエネルギーの価値の低下を利用

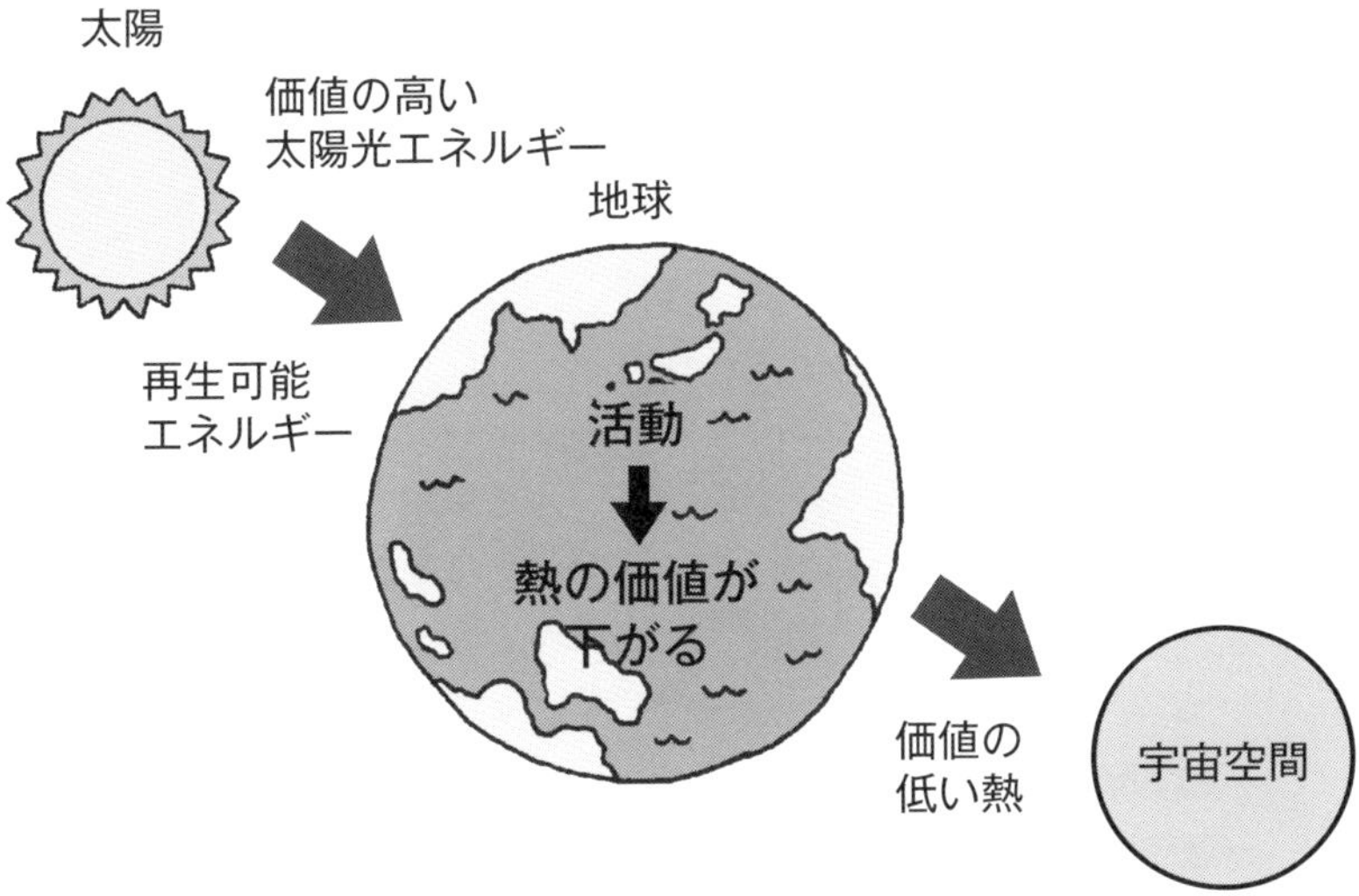

Column

新しい熱力学温度の定義（その4）

トムソンが熱力学温度を定義した時、カルノー効率に基づいた熱の価値としての指標という意味がありました。一方、エネルギー等分配の法則は、物質が普遍的に持つ性質を示しており、熱の価値そのものとは直接には結び付きません。そこで、エネルギー等分配の法則が、熱の価値とどのように結びつくのか最後に考えておきましょう。

熱の価値とは、カルノーサイクルにおいて、熱を捨てる側の温度が等しい時、より高温で熱を受け取った方が、より多くの仕事に変換できるということです。それは同じだけ熱を受け取って体積仕事に変える際に、同じ体積から始めると、より高温の場合の方が、体積変化量が少なくてすむためです。サイクルを閉じるために温度を下げて熱を捨て、元の体積に戻す必要がありますが、その際に外から加える仕事が少なくてすむ、すなわち捨てる熱量が少なくてすみます。結果として、高温側で受け取る熱は同量であるにもかかわらず、低温側で捨てる熱量がより少なくてすむため、その差である正味の仕事が大きくなります。

それに気体粒子の熱運動が関係しています。つまり、より高温の方がより激しく熱運動しており、体積が同じでも圧力が高い状態です。２つの温度で同じ量の熱を加えると、より高温の方がもともと激しく運動していて圧力が高いので、より少ない体積変化でその熱を体積仕事に変えることができるのです。このように、カルノーサイクルにおいて、気体粒子の熱運動が、熱の体積仕事への変換効率に影響を与えることがわかりました。したがって、ボルツマン定数を用いた新しい定義は、熱の仕事への変換効率とも密接にかかわっていると言ってよいのです。

【参考文献】

・「温度と熱の話—科学の目で見る日常の疑問—」稲場秀明著、大学教育出版 (2018)

・「暮らしを支える「熱」の科学（サイエンス・アイ新書）」梶川武信著、SBクリエイティブ (2015)

・「温度とは何か—測定の基準と問題（新コロナシリーズ）」桜井弘久著、コロナ社 (1992)

・「温度のおはなし—温度の正体とその計測」三井清人著、日本規格協会 (1986)

・「トコトンやさしいエントロピーの本」石原顕光著、日刊工業新聞社(2013)

・「熱学思想の史的展開〈1〉熱とエントロピー（ちくま学芸文庫）」山本義隆著、筑摩書房 (2008)

・「熱学思想の史的展開〈2〉熱とエントロピー（ちくま学芸文庫）」山本義隆著、筑摩書房 (2008)

・「熱学思想の史的展開〈3〉熱とエントロピー（ちくま学芸文庫）」山本義隆著、筑摩書房 (2009)

・「エントロピーをめぐる冒険 初心者のための統計熱力学（ブルーバックス）」鈴木炎著、講談社(2014)

・「新装版 マックスウェルの悪魔—確率から物理学へ（ブルーバックス）」都筑卓司著、講談社 (2002)

●著者略歴
石原顕光（いしはら あきみつ）

1993年　横浜国立大学大学院工学研究科博士課程修了
1993～2006年　横浜国立大学工学部、非常勤講師
1994年～　有限会社テクノロジカルエンカレッジメントサービス取締役
2006～2015年　横浜国立大学グリーン水素研究センター、産学連携研究員
2014～2015年　横浜国立大学工学部、客員教授
2015年～　横浜国立大学先端科学高等研究院、特任教員（教授）

●主な著書
・「トコトンやさしい元素の本」日刊工業新聞社（2017）
・「トコトンやさしい電気化学の本」日刊工業新聞社（2015）
・「トコトンやさしいエントロピーの本」日刊工業新聞社（2013）
・「トコトンやさしい再生可能エネルギーの本」監修・太田健一郎、日刊工業新聞社（2012）
・「トコトンやさしい水素の本 第2版」共著、日刊工業新聞社（2017）
・「原理からとらえる電気化学」共著、裳華房（2006）
・「再生可能エネルギーと大規模電力貯蔵」共著、日刊工業新聞社（2012）

NDC 426

おもしろサイエンス**熱と温度の科学**

2019年1月30日　初版1刷発行　　定価はカバーに表示してあります。

ⓒ著者　石原顕光
発行者　井水治博
発行所　日刊工業新聞社　〒103-8548 東京都中央区日本橋小網町14番1号
書籍編集部　電話 03-5644-7490
販売・管理部　電話 03-5644-7410　FAX 03-5644-7400
URL　http://pub.nikkan.co.jp/
e-mail　info@media.nikkan.co.jp
振替口座　00190-2-186076

企画・編集　エム編集事務所
本文デザイン・DTP　志岐デザイン事務所（奥田陽子）
印刷・製本　新日本印刷㈱

2019 Printed in Japan　落丁・乱丁本はお取り替えいたします。
ISBN　978-4-526-07925-2 C3034